AIGC

AI 时代设计类规划教材

总主编 / 林家阳

传统服饰文化与时尚

主编 / 彭璐

副主编 / 王涛　吴青蔓　张帆　张弛　魏勤文

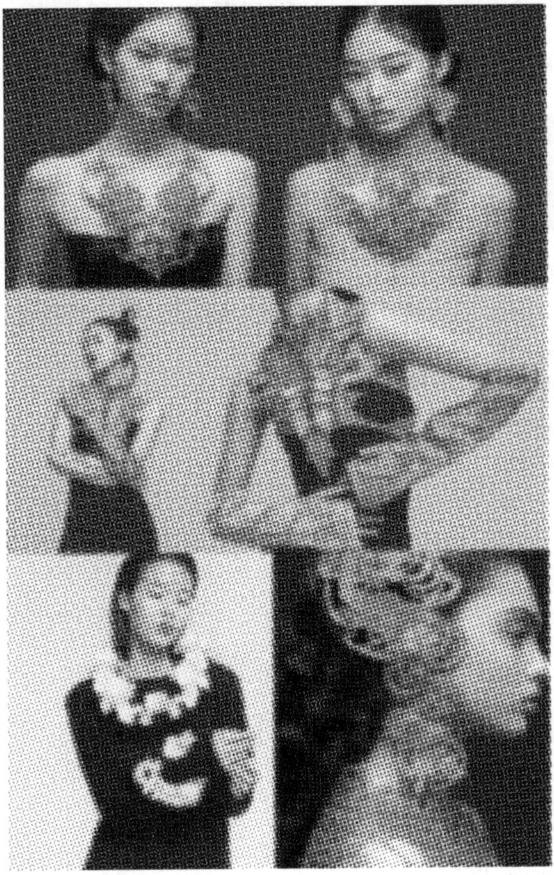

人民美術出版社

北京

图书在版编目（CIP）数据

传统服饰文化与时尚 / 彭璐主编；王涛等副主编．北京：人民美术出版社，2025. 8. --（AI时代设计类规划教材 / 林家阳总主编）. -- ISBN 978-7-102-09642-1

Ⅰ．TS941.12-39

中国国家版本馆CIP数据核字第20259U28U8号

AI时代设计类规划教材

AI SHIDAI SHEJI LEI GUIHUA JIAOCAI

传统服饰文化与时尚

CHUANTONG FUSHI WENHUA YU SHISHANG

编辑出版　人民美術出版社

（北京市朝阳区东三环南路甲3号　邮编：100022）

http：//www.renmei.com.cn

发行部：（010）67517791

网购部：（010）67517604

总主编　林家阳

主　　编　彭　璐

副主编　王　涛　吴青蔓　张　帆　张　弛　魏勤文

责任编辑　高　珊

装帧设计　刘　斌　翟英东

责任校对　钟　村

责任印制　胡月梅

制　　版　北京字间科技有限公司

印　　刷　北京新华印刷有限公司

经　　销　全国新华书店

开　本：787mm×1092mm　1/16

印　张：10.5

字　数：80千

版　次：2025年8月　第1版

印　次：2025年8月　第1次印刷

ISBN 978-7-102-09642-1

定　价：59.00元

如有印装质量问题影响阅读，请与我社联系调换。（010）67517850

总序

“有高质量的教师，才会有高质量的教育。”习近平总书记在党的二十大报告中进一步提出了“建设高质量教育体系”的战略目标。教育部高等教育司提出的着力构建高质量高等教育体系的“一二三四+N”主要任务中，包含了“以数字化促进高等教育转型和重塑”“优化学科专业布局”“建强高等教育人才培养核心要素”等。这三点正是本科专业建设和职业院校“双高”建设的核心内容和任务。

为确保本系列教材高质、高效、准时出版发行，人民美术出版社联手同济大学设计艺术研究中心共同举办了教材编写交流研习班。研习班围绕“超前布局”“与时俱进”“市场需求”等主题对教材编写展开研讨，务求编写一套具有未来性、国际化、实用型的优秀教材，由此组成了由国务院学位委员会设计学学科评议组成员、全国专业学位研究生教育指导委员会成员、教育部高等学校设计学类专业教学指导委员会成员、国家级教学名师、全国优秀教材奖获得者等专家组成的教材编写指导小组；再经专家推荐、总主编遴选、出版社选题论证，层层把关，最终形成了由“985”“211”院校、第五轮学科评估A类院校、国家示范性高等职业院校等学科带头人、院长、教授及骨干教师为主体的编写团队。

本系列教材在智能化时代来临之际规划编写，肩负着高等教育转型重塑、教学方法和内容创新重构的使命。百年未有之大变局对设计教育提出了政治、文化、经济发展的新命题；具有划时代意义的智能化科技发展和应用，对设计教育提出了教学内容和应用场景融合发展的新任务；逆全球化趋势和驱动国内国际双循环，对设计教育提出了产学研一体化的新要求。本系列教材直面这些新命题、新任务、新要求和当前教育现实，旨在探索设计教育高质量发展的新路径。

大学的核心是专业，专业的核心是课程，课程的核心是教材。希望这套凝结了诸多前沿探索和智慧的系列教材，能够成为当下设计教育的先导和未来设计教育的先声。

留德学者、同济大学教授　林家阳

2025年元月

前言

中国传统服饰承载着深厚历史记忆与文化价值，是中华文明的重要载体。在全球多元文化的背景下，传统服饰元素焕发新魅力，成为时尚设计师灵感的重要来源。本教材尝试将人工智能生成内容（AIGC）技术与传统服饰文化相结合，探讨其在当代语境下的再生与创新，旨在呈现全景视角，促进对传统服饰深厚内涵的理解，发掘其现代设计与技术融合的潜力。

市面上与本书内容相关的教材主要分为两类：一是传统服饰文化研究与再设计案例分析；二是人工智能绘画或设计软件教程。然而，尚无基于人工智能技术将中国传统服饰文化与时尚设计进行研究并付诸系统化教学实践的成果。本书响应国家战略与思政课程号召，依托北京服装学院服饰艺术与工程学院的专业课程，结合教师团队在首饰、虚拟时尚设计等领域的多元背景，探索传统服饰在现代设计中的新可能性。

在弘扬文化自信的时代，本教材立足AI时代，致力于将传统文化与现代时尚设计相融合，为设计专业的学生及研究人员提供理论与实践相结合的系统参考，助力传统文化在技术赋能下焕发新生。

教材内容涵盖图案、材料、工艺、结构四个核心领域，融合理论学习、实践操作和案例分析。其通过人工智能作为技术媒介，围绕传统服饰文化设计任务，引导读者深入探讨传统与现代、技术与文化的融合方法。此外，书中引用国际前沿案例，帮助读者了解全球时尚趋势与技术理念，增强国际竞争力。

本书适合服装与服饰设计、产品设计、工业设计、数字媒体设计等专业的本科生与研究生，尤其适合对传统服饰文化感兴趣者。同时，它也是服饰文化研究、非遗保护从业者与设计教育者的重要参考，亦适合设计爱好者及行业从业者了解传统服饰与现代设计融合的应用。

彭璐

2025年元月

课程计划

拓展资源

章节	课程内容	课时
第一章 基础与原理 （共享：8学时）	第一节 AI时代的服饰设计概述	1
	第二节 AI时代的服饰设计复原与设计创新	2
	第三节 AI在服饰设计中的应用	4
	第四节 AI时代传统服饰设计的挑战与未来	1
第二章 项目与实训 （多选：32学时）	第一节 传统服饰图案与时尚设计	32
	传统服饰图案时尚化设计案例	4
	知识点	4
	实践程序	24
	第二节 传统服饰材料与时尚设计	32
	传统服饰材料数字化仿真与设计研究案例	4
	知识点	4
	实践程序	24
	第三节 传统服饰工艺与时尚设计	32
	传统服饰工艺时尚化设计案例	4
	知识点	4
	实践程序	24
	第四节 传统服饰参数化与时尚设计	32
	服饰参数化设计案例	4
	知识点	4
	实践程序	24

续表

章节	课程内容	课时
第三章　案例与鉴赏 （共享：8学时）	第一节　AIGC生成时尚设计案例赏析	3
	第二节　虚拟服饰设计案例赏析	2
	第三节　智能可穿戴服饰设计案例赏析	3

目录

第一章

基础与原理

在人工智能的浪潮下，服饰设计正面临颠覆性的变革。本章将概述AI技术在推动服饰设计革新方面的应用，涵盖设计工具的革新、设计流程的优化、时尚趋势的预测以及消费者体验的升级等方面内容，有助于读者了解AI技术的基本原理及其在服饰设计中的应用方式。

第一节　AI时代的服饰设计概述

本课程概述AI时代人工智能如何赋能服饰设计创新。从AI技术原理到实际应用，分析其在优化设计流程、预测时尚趋势、创新材料结构及升级消费体验中的作用，同时指出面临的挑战如创作权归属和设计师创意思维问题，使读者理解AI对传统服饰设计各个方面的影响及未来发展方向。

课程内容

1.AI时代的服饰设计概述。

2. 人工智能如何赋能服饰设计。

训练目标

1. 理解AI技术的基本概念及其在服饰设计领域的应用。

2. 能够通过案例学习理解AI在实际设计过程中的应用。

3. 能够预测AI技术发展将如何影响未来的传统服饰设计。

重点与难点

1. 重点：AI技术原理及其在服饰设计中的应用，AI技术如何助力传统服饰创新设计。

2. 难点：AI与传统服饰设计的融合方式；掌握AI技术如何助力传统服饰的保存、分析和创新设计实践。

人工智能技术正在渗透并逐步改变服饰设计的领域，为设计师提供了前所未有的工具，帮助他们完成设计创新。通过整合计算机视觉、深度学习和3D打印等技术，AI助力服饰设计实现自动化、个性化和创新化。

纵观人类文明的发展史，每一次科学技术领域的革新都会为设计的发展带来巨大的变革。第一次产业革命之后，实用艺术逐渐脱离了艺术的范畴，设计开始作为一个独立的门类而存在。第二次产业革命之后，内燃机和电力的发明促使汽车设计与电气设计的发轫，工业设计也成为独立于其他设计领域而存在的一门学科。可以说，新技术与新材料的出现为设计提供了新的载体，同时拓宽了设计的边界。而20世纪40年代开始的第三次科技革命则催生了人工智能的出现与发展。1950年，“人工智能之父”艾伦·图灵（见图1-1-1）预言了创造出具有真正智能的机器的可能性。1956年夏天，美国达特茅斯学院举行了历史上第一次人工智能研讨会（见图1-1-2），会上首次提出了“人工智能”这一概念，这被视为人工智能诞生的标志。

图1-1-1 “人工智能之父”艾伦·图灵（1950）

图1-1-2 美国达特茅斯学院举行历史上第一次人工智能研讨会（1956）

进入21世纪后，尤其是从2015年至今，随着大数据、云计算、深度学习以及计算能力的提高，人工智能进入爆发性发展阶段。各国均将其视为未来科技发展的战略制高点和核心竞争技术。2016年，工信部在解读“中国制造2025”战略目标时指出，要实现制造强国，必须让中国制造业实现智能制造生产方式，因为智能制造是基于新一代信息通信技术与先进制造技术的深度融合，贯穿于设计、生产、管理、服务等制造活动的各个环节，具有自感知、自学习、自决策、自执行、自适应“5个自”功能技术，这正是人工智能技术。2017年，国务院发布“新一代人工智能发展规划”，其中明确提出我国人工智能产业规模发展的目标。近年来，人工智能向各行各业快速渗透融合，深度参与整个社会向智能化转型，也被认为是第四次产业革命的主要表现方式。

所谓的人工智能，主要指在机器上实现类似乃至超越人类感知、认知、行为等智能的系统。与人类历史上其他技术革命相比，人工智能对人类社会发展的影响可能位居前列。人类社会也正在由以计算机、通信、互联网、大数据等技术支撑的信息社会迈向以人工智能为关键支撑的智能社会，人类生产生活以及世界发展格局将由此发生更加深刻的改变。智能机器人、无人机、传感器、图像识别、计算机视觉、语音识别、文字识别、机器学习、深度学习等AI技术均开始被广泛运用于与传统服装服饰设计的制造、营销、展示等相关领域，为服饰设计领域的发展赋予了新的可能性，包括但不限于优化设计流程，提供新的设计工具，催生新的设计形式，为消费者提供了全新的购物体验和互动方式，以及预测未来流行发展趋势等。

首先，人工智能设计工具能够优化服饰设计流程。在传统的服饰设计过程中，通常是设计师通过市场研究、趋势分析和灵感探索来形成初始的设计概念，然后通过手绘草图来表达创意。在确定设计概念后，设计师需要进行更详细的设计工作，如绘制精确的图纸或制作模型，再基于设计需求，去选择适当的材料和制作工艺。当制作出第一个实体样品或原型后，还要对其设计的可行性进行测试，然后根据测试结果进行必要的修改。在原型测试结束后，对确认的模型制订生产计划，准备所需要的材料和工艺，在充分做好上述准备工作后，才能开始批量生产产品。最后对产品质量进行检查，以确保符合销售标准。而依托于人工智能的设计流程则被大大简化了。AI工具可以帮助设计师快速建立资源灵感库，还能够在设计初级阶段快速生成大量草图的效果图。2019年，麻省理工学院利用AI技术中的生成式对抗网络（Generative Adversarial Networks，GAN）模型进行服装设计，可以迅速完成设计方案。

设计师们还可以通过人工智能设计辅助工具进行草图绘制或者3D建模，加快设计流程，而且可以反复进行及时的修改和迭代。利用3D打印技术快速制作模型可以减少从设计到模型的时间，也可以使用数字虚拟技术测试设计，减少对物理原型的需求，从而减少材料的浪费，降低生产成本。虚拟仿真技术则可以让设计师看到设计作品接近真实的效果，便于对其进行修改与调整。设计师还可以利用AI进行产品质量监控和数据分析，把握质量控制和提高准确性。这些AI设计工具的引入能够快速适应市场趋势和消费者需求的变化，提高了设计流程的效率和速度，还有助于降低成本，同时提升产品的质量和对市场的适应性。

其次，人工智能设计工具能够帮助预测服饰时尚趋势。设计师和零售商利用AI技术来预测服饰时尚发展趋势，为自己的设计准确定位市场。AI能够迅速分析大量数据，包括历史销售数据、消费者行为、流行趋势以及社交媒体上的时尚话题。通过这些数据，AI能提供基于事实的、量化的趋势预测，这对于设计师和零售商来说非常有价值。与传统的趋势预测相比，AI可以更快速、更准确地识别即将流行的设计和色彩。这种高效的预测能力可以帮助服饰品牌减少库存积压风险，并更有针对性地满足市场需求。此外，AI技术不仅能预测整体的服饰时尚趋势，还能根据个别消费者的购物习惯和偏好提供个性化的时尚建议。这种个性化服务还能够提升消费者满意度，促进销售。

人工智能工具在材料和结构的创新应用方面丰富了服饰设计的形式和内容，开辟了服饰设计新的可能性。AI技术可以帮助设计师探索和实验新型材料，如轻质合金、生物基材料或者智能材料。AI技术还可以通过模拟不同材料的物理和化学特性，预测它们在穿着、佩戴时的表现，如耐久性、重量、舒适性等。在结构创新方面，AI技术能够生成在传统手工制作中可能难以实现的复杂形状和结构，例如，复杂的网络结构、有机形态或者是微观结构的模仿。它还可以帮助设计师测试不同设计的结构强度和稳定性，确保服饰的美观性和实用性。同时，AI还可以帮助设计师探索不同材料的组合使用，比如将传统金属与新型合成材料结合，创造出既有现代感又有传统美的设计。通过模拟不同材料组合的效果，AI可以预测这些组合在实际生产和佩戴中的表现。

最后，人工智能工具推动服饰消费体验升级。在服饰消费领域，人工智能改变了消费者的购买体验和互动方式，虚拟试穿和数字营销在这个过程中逐渐走上台前并开始扮演日益重要的角色。人工智能技术的发展使得消费者可以随时随地通过线上平台购买和试戴服饰产品，极大地增加了购物的便捷性。而服饰购买平台则能够提供丰富的产品信息，包括用户评价、产品演示图、展示试戴效果，以更为便捷的方式帮助消费者做出更明智的决定。通过增强现实（AR）技术，消费者还可以在没有实际试穿的情况下，看到自己穿着或者佩戴服饰的样子，这种体验不仅增加了趣味性，还提高了购买的准确性和满意度。AI技术同样也被运用在服饰零售门店中，智慧门店通过大数据云计算，将智能设计、软硬件等相结合，分析顾客购买行为，从而为商家提供经营决策的判断依据。客户可视化个性定制服务穿衣镜系统、生成对抗网络技术等，都可以帮助客户实现可视化定制服务。

当然，随着人工智能的不断发展，各类AI智能软件层出不穷，也带来了一些不可忽视的挑战与问题。当使用人工智能生成的算法或模型创作作品时，不可避免地会涉及创作权的归属问题，涉及这些算法是否能够创造具有独创性的作品，以及作品的知识产权应该归属于算法的开发者还是生成的艺术家。目前尚无明确的法律框架，这也引发了关于艺术作品的创意归属权和法律责任的广泛讨论。此外，对于设计师而言，过度依赖人工智能可能会导致设计师的创意思维能力下降，甚至逐渐出现审美固化与“AI化”，因此设计师除了需要保持对技术的敏感性，及时掌握最新的设计工具和技术以外，也需要不断增强自身思维的创新。

思考题

1. 描述人工智能在预测服饰时尚趋势方面的工作原理及其对设计师和零售商的潜在影响。

2. 人工智能如何改变了服饰设计流程？有哪些优势？

第二节　AI时代的传统服饰设计复原与设计创新

本课程探讨AI时代传统服饰设计的传承与创新，强调其历史与文化价值及数字化技术的重要性。介绍计算机视觉、深度学习和3D打印在传统服饰设计中的应用，使读者形成融合传统艺术与现代科技的创新思维，并重点讨论AI助力民族服饰复原与创新的方法及技术在图案和色彩特征识别学习中的应用。

课程内容

1. 理解传统服饰的历史和文化价值，以及数字化技术对其保护和创新的意义。
2. 了解计算机视觉、深度学习和3D打印技术在传统服饰设计中的应用。
3. 培养将传统艺术与现代科技融合的创新设计思维。

训练目标

1. 理解AI技术如何助力传统民族服饰的复原与设计创新。
2. 能够通过案例学习理解AI在传统民族服饰设计过程中的应用。
3. 预测AI技术发展将如何影响未来的传统民族服饰设计。

重点与难点

1. 重点：讨论利用AI技术进行传统服饰设计的创新方法，以及这种技术如何帮助传统文化在现代社会中的传承。

2. 难点：了解CNN和RNN等技术如何识别和学习传统服饰的图案和色彩特征，并实现设计创新。

传统服饰代表着人类历史的演变和文化遗产的精华，其中蕴含着丰富的历史、艺术和科学价值。在人工智能技术快速发展的今天，我们有机会通过现代科技手段对传统服饰进行数字化处理和创新设计。利用计算机视觉、深度学习和3D打印技术，我们可以对传统服饰的设计元素进行精确识别和复制，进而创造出既保留传统特色又具有创新意义的新设计。例如，通过卷积神经网络（Convolutional Neural Networks，CNN）和循环神经网络（Recurrent Neural Network，RNN）

等深度学习模型，我们可以有效识别并学习传统服饰的图案和色彩特征，生成新的设计方案。同时，3D打印技术的应用使得这些数字化设计能够快速转化为实体服饰，实现传统服饰的精确复制和再现。这一过程不仅有助于保护和传承民族文化，还为设计师提供了更广阔的创作空间和灵感来源。数字化的传统服饰可以更好地适应现代人的需求和审美，使传统文化在现代社会焕发新的活力。此外，数字技术如3D扫描和虚拟现实等，还可用于数字化保存珍贵的传统服饰，通过网络向全球传播，促进中华优秀传统文化的保护、传承和国际交流。

传统服饰是人类历史演变和文化遗产中极其宝贵的财富，它们不仅反映了各个历史时期的艺术审美、文化品位、技术进步和政治状况，而且具有深厚的历史价值、艺术价值和科学价值。中国传统服饰是中华优秀传统文化的重要组成部分，其承载着悠久的历史文化和丰富的民族内涵。在人工智能时代，传统服饰的复制和创新可以通过结合现代科技来实现。利用计算机视觉、深度学习和3D打印技术等人工智能技术，可以对民族传统服饰进行数字化处理和创新设计。通过图像识别技术中的CNN和RNN，我们可以识别和提取服饰中的关键图案和色彩特征，并生成新的设计。同时，3D打印技术可以精确地复制和再现这些数字化处理后的服饰，实现传统服饰的精确复制和再现。

在数字化处理过程中，首先，需要对传统服饰进行扫描和数据采集，获取其三维形状和纹理信息。其次，利用计算机视觉技术对采集到的数据进行处理和分析，提取关键的图案和色彩特征。再次，利用深度学习技术中的CNN和RNN对提取的特征进行学习和分析，生成新的设计。最后，通过3D打印技术将设计转化为实体服饰，实现传统服饰的精确复制和再现。

下面，以藏族和苗族民族服饰为例，结合两种民族服饰特点的具体分析讨论AI技术如何助力民族服饰的复原与设计创新。

藏族服饰通常使用鲜明的对比色调，色彩明快活泼，视觉冲击力强。红色、蓝色和金色被广泛运用于藏族服饰设计中，这三种颜色分别代表纯净、神秘和尊贵。藏族服饰设计往往极为精细复杂，强调装饰细节，常用精美的刺绣和织花技艺，如精心设计的头饰、腰带和其他装饰品。我们可以借助图像识别技术中的CNN来对这些复杂的图案和颜色特征进行数字化处理。CNN能够通过大量的训练数据来辨识并提取出藏族服饰中的关键图案和颜色特征，从而实现对这些元素的自动识别和分类。此后，可以利用基于深度学习的GAN创造出全新的藏族服饰设计。GAN包括生成器和判别器两部分。生成器的任务是创作出新的设计方案，而判别器则评估这些设计的逼真程度。通过持续的迭代与优化，GAN能够产生出既保留了藏族服饰的传统风格又带有新颖创意的设计。最终，我们可以借助3D打印技术，将这些经过数字化处理的藏族服饰设计精确地实体化。这项技术允许我们准确地复制和再现服饰的每一个细节，从而将数字设计转化为现实中的物理对象。通过以上数字化和创新过程，我们不仅保留了藏族文化的独特魅力，还为传统服饰注入了现代科技的活力。

苗族服饰以其独特的银饰和精细的刺绣工艺著称于世，这些传统服装通常由天然纤维和银饰制成，其色彩之间对比强烈而鲜明，刺绣技术之精湛更是体现了苗族文化的深远传承。通过图像识别技术中的边缘检测和特征提取算法，我们能够精确地辨识出苗族服饰中的银饰部分和复杂的刺绣图案。这些算法不仅准确地描绘出银饰品的外形，还能细致地捕捉到刺绣中的每一针每一线，为数字化处理工作提供高精度的数据基础。深度学习技术的RNN在苗族服饰的数字化过程中扮演了重要角色。RNN能够对苗族的刺绣工艺序列进行学习和模拟，从而预测并复现出具有传统风格的刺绣顺序和图案布局（见图1-2-1），通过结合机器学习和控制技术，还可以开拓自动化刺绣生产的新途径。专门训练的机器学习模型能够识别并指挥刺绣机械的运动和针法选择，从而实现高效率和高精度的苗族服饰生产。

图1-2-1　Midjourney生成苗族服饰（2024）

通过结合现代科技和传统工艺，人工智能时代的传统服饰复制和创新不仅保护和传承了民族文化，还可以推动传统服饰的发展和创新。这种结合不仅提高传统服饰的生产效率和质量，还为设计师提供更多的创作空间和灵感来源。同时，数字化处理后的传统服饰也可以更好地适应现代人的需求和审美，为传统文化注入新的活力和魅力。

此外，中国服饰文化源远流长，其中大量珍品材料和制作工艺繁复巧妙。材质和工艺的限制导致许多珍贵的传统服饰无法长期保存。而现有3D扫描和虚拟现实技术等数字技术有助于数字化保存这些服饰，并通过网络向全球传播，有助于在世界范围内保护、传承和传播中华优秀传统文化。近年来，有研究人员专注于探究如何将虚拟仿真技术应用于博物馆收藏的服装及考古发掘出的服装的保护工作中，目前这一领域已经取得长足进步。以唐代的出土服装为例，学者根据实际挖掘出的衣物、绘画作品、壁画和陶俑等资料，对唐代女性服饰以及马球服进行了分类的虚拟重建。考虑到唐代出土实物服装的稀有性以及难以进行近距离观察的限制，研究者依托古代绘画和文献记载，详细分析了唐代女性服装的风格特征，并在结构、尺寸和图案等方面进行了深入的研究与数字化重建，从而使得这些传统装束得以在数字世界中被重新呈现。这不仅为传统服装的数字保存工作提供了宝贵的经验和方法，还为它们的传播与推广开辟了新的途径。

总之，人工智能时代的传统服饰复制和创新是一个充满潜力和机遇的领域。通过结合现代科技和传统工艺，我们可以实现传统服饰的数字化处理和创新设计，为保护和传承民族文化做出贡献。同时，这种结合也可以推动传统服饰的发展和创新，为设计师提供更多的创作空间和灵感来源。

思考题

1. 在利用计算机视觉、深度学习和3D打印技术对传统服饰进行数字化处理的过程中，有哪些关键步骤？这些技术如何帮助保留和传承民族文化？

2. 结合现代科技手段对传统服饰进行创新设计的过程中，可能会遇到哪些挑战和机遇？如何在保护传统文化的同时推动其发展和创新？

第三节　AI在服饰设计中的应用

本课程深入探讨AI在服饰设计中的广泛应用，涵盖设计工具迭代、生产流程优化及销售方式重塑。从Midjourney、鹿班等AI设计工具的创新应用，到3D打印、智能制造技术在生产中的高效整合，再到趋势预测、个性化定制及虚拟试穿在销售领域的突破，全方位剖析AI如何革新传统服饰行业，提升设计效率、生产灵活性及消费体验满意度，为读者提供前沿的行业洞察与实践指导。

课程内容

1. 服饰设计相关工具的迭代。

2. 服饰生产流程的优化。

3. 服饰销售方式的重塑。

训练目标

1. 了解并掌握AI技术在服饰设计领域的具体应用。

2. 分析和评估AI技术在优化服饰设计、生产和销售流程中的实际效果。

3. 思考如何将AI技术与传统服饰设计相结合，以创造新的商业机会和改善消费者体验。

重点与难点

1. 重点

（1）了解AI技术如何辅助设计师进行创意设计，包括自动草图生成和图案设计等。

（2）设计流程的优化：掌握AI如何优化设计流程，提高生产效率。

（3）销售方式的重塑：学习AI如何通过个性化推荐和虚拟试衣等技术提升消费者的购物体验。

2. 难点

AI技术在服饰设计领域的具体应用。

人工智能技术正在渗透并逐步改变服饰设计的领域，为设计师提供了前所未有的工具，帮助他们完成设计创新。通过整合计算机视觉、深度学习和3D打印等技术，AI助力服饰设计实现自动化、个性化和创新化。首先，AI可以通过图像识别技术分析大量的时尚数据，包括流行趋势、消费者偏好和历史款式，从而为设计师提供精准的设计指导和灵感启发。其次，利用深度学习模型，AI能够理解复杂的设计元素和规则，自动生成具有独特风格和符合市场需求的新服饰图案和剪裁方案。此外，3D模拟和虚拟试穿技术允许设计师在数字平台上直观地看到服饰效果，并实时调整设计，大幅提高设计效率和减少物理样品的制作。AI还能够帮助优化生产流程，通过智能算法预测市场需求，减少库存积压。总之，AI技术不仅加速了服饰设计的创新进程，而且也提高了生产效率和市场响应速度，使服饰行业能够更加灵活和个性化地满足消费者需求。随着AI技术的不断进步，未来服饰设计领域将出现更多突破性的发展。

一、服饰设计相关工具的迭代

随着人工智能技术的不断发展，与服饰设计相关的AI 设计工具也应运而生。它们能够通过算法和机器学习技术实现自动化或辅助设计，提高设计效率和质量。近年来，以 Midjourney、Disco Diffusion、Stable Diffusion为主的AI作图软件被越来越多的人熟知，人工智能作图软件开始以一种令人震撼的速度迭代，大量AI作图作品随之被产出。AI技术可以通过大数据分析和机器学习算法，对海量的设计图案进行分析总结，并完成设计创新。

Midjourney是一种基于人工智能的图像生成工具，它可以将用户的文字描述转换成图像。其操作界面简洁，即使是对AI绘图一知半解的用户也能快速上手，通过简单的命令输入即可获得想要的图像效果。Midjourney能够在几秒钟内根据用户的描述生成高质量的图像。这种高效的生成能力，使得设计师可以在短时间内尝试多种设计方案，加速创作过程。无论是写实、抽象还是超现实风格，Midjourney都能根据用户的指令生成相关图像，满足不同设计师的需求（见图1-3-1至图1-3-7）。尽管Midjourney功能强大，但它也面临着如何更准确理解人类语言、如何保持生成图像的原创性等挑战。这些问题的解决将是

图1-3-1　Midjourney生成首饰穿戴实验1　漆美卿（2024）

图1-3-2　Midjourney生成首饰穿戴实验2　漆美卿（2024）

图1-3-3　设计师用3DCLO设计服装效果图　乔卓然（2024）

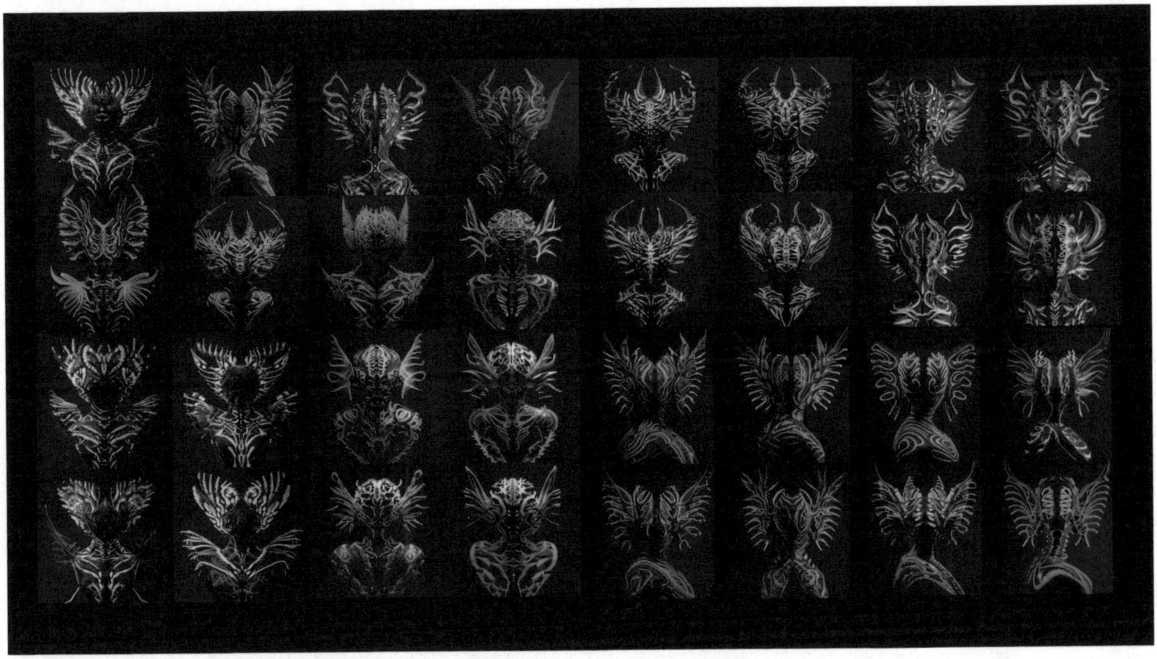

图1-3-4　Midjourney生成首饰穿戴实验1　谭楚童（2024）

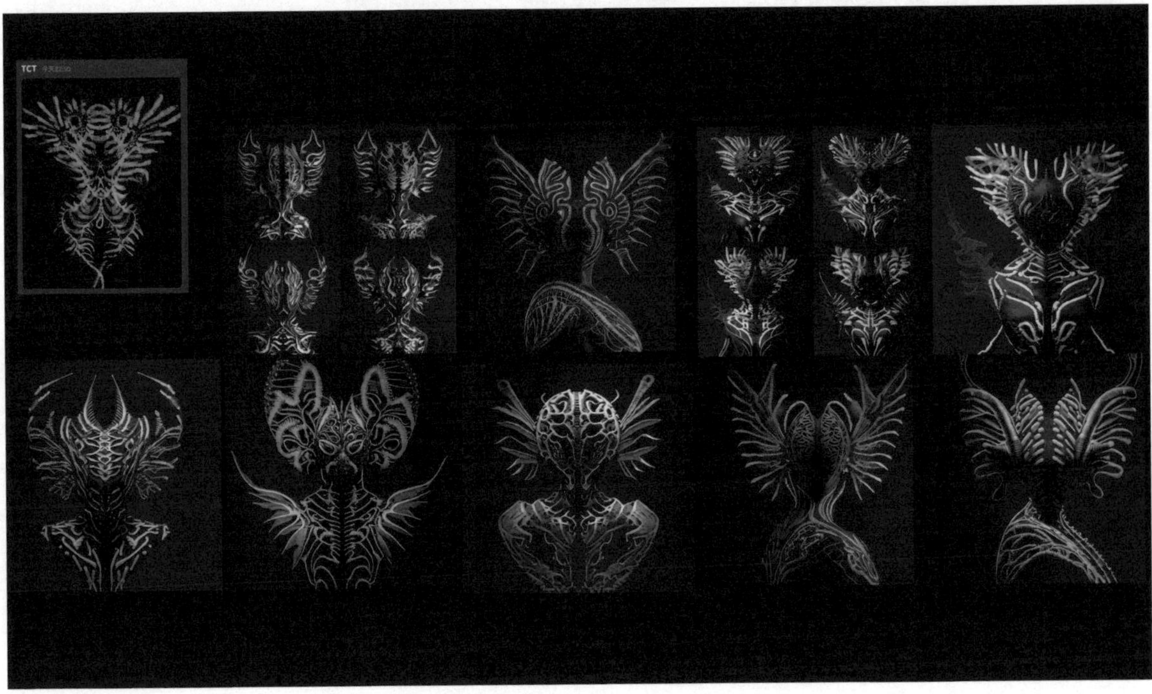

图1-3-5　Midjourney生成首饰穿戴实验2　谭楚童（2024）

图1-3-6　Midjourney探索鞋品设计　衡业佳（2024）

图1-3-7　Midjourney助力完成服饰设计　孙汇泽（2024）

Midjourney未来发展的关键。

阿里公司内部智能设计实验室自主研发的“鹿班”项目核心则在于利用图像智能生成技术。这一技术的应用使得传统的设计模式得以改变，能够在极短的时间内完成大量的banner图、海报图以及会场图的设计工作。鹿班通过智能化设计，能够快速生成大量不同颜色和尺寸的设计作品，这对于需要生产大量图片的场景来说，不仅节省了大量的时间，还提高了工作效率。鹿班的使用使得设计师可以从烦琐的重复性工作中解放出来，专注于更有创造性和策略性的设计工作，提升了设计师的工作价值。以往需要雇用大量外包设计师手工处理图片的工作，现在可以通过鹿班自动化完成，从而可以大幅减少设计费用，释放设计师资源。据报道，鹿班的设计水平已经达到了高级设计师的能力，这意味着它可以产生高质量的设计作品，对于提升整个设计行业的质量标准有着积极的推动作用。

在色彩设计与设计风格方面，人工智能同样能够助力设计师完成设计。Text2Color可以为设计师提供一种文本驱动的调色板生产方式，其中包括两个条件生成式对抗网络（Conditional Generative Adversarial Networks，CGAN）。它将文本数据与颜色空间建立关联，从而使得不同的文本内容可以对应不同的颜色。人工智能还能够让计算机通过学习大量先验知识的方法积累“经验”，以灰度图像自动着色，实现数据驱动的自动着色。Paints Chainer是使用Chainer的线稿着色工具，可以实现半自动上色，集合设计师的创造力为作品赋予丰富的美感。

“风格迁移”是人工智能在艺术领域的成功尝试之一，即利用深度学习大数据样本中人类已创作的艺术作品的特征和风格，将其进行总结和归纳，再根据用户输入的限定风格、元素的描述词语与图片，从而转换为特定的艺术表现形式。2015年，Leon A. Gaty等人第一次将神经网络引入风格迁移领域，通过CNN实现了风格迁移。此后，出现了不少优化算法，生成图案可针对设计师的不同需求保留不同风格和内容特征。

Fashion Style Generator是一种利用人工智能技术自动生成时尚风格图像的工具。它能够根据用户提供的基础服装图像和指定的时尚风格（如豹纹），实时生成具有特定风格的服装图像。这一工具的实现基于深度神经网络，通过学习大量的时尚数据，掌握各种风格的特点，并能够将用户选择的风格应用到基础服装上。Fashion Style Generator的核心在于它的神经网络结构，该结构能够理解时尚风格的语义，并将其转化为图像上的视觉特征。这种能力使得用户可以在没有专业设计知识的情况下，轻松地创造出符合自己审美的服装样式。此外，Fashion Style Generator还为设计师和品牌提供了一种新的设计途径。通过使用这项技术，设计师可以在更短的时间内生成更多的设计草图，这不仅提高了工作效率，还有助于捕捉瞬息万变的时尚趋势。同时，品牌可以利用这项技术创建独特的AI时尚设计，吸引顾客的注意力，提升品牌形象。尤其值得一提的是，Fashion Style Generator还可以结合其他人工智能技术，如个人风格分析，为用户提供更加个性化的服务。例如，通过分析用户的自拍照片，系统可以解码用户的个人DNA，建立风格公式，发现用户的配色方案和风格指南，从而提供更加贴合个人特点的时尚建议。

Nervous System是一家美国设计工作室，致力于探索自然世界的形态和结构，通过计算机模拟将这些自然形态与生成设计技术相结合。这种独特的方法使得Nervous System能够在设计中创造出既符合自然规律又具有高科技感的作品。通过研究自然界中的增长模式和结构，Nervous System开发了一系列生物模拟的设计工具。这些工具能够帮助设计师理解和模仿自然界中的复杂形态，从而创造出既美观又实用的设计作品。Nervous System利用计算机模拟和三维打印技术，设计并制造了一系列名为Kinematics的服饰。这些服饰基于物理动力学原理，具有高度的灵活性和适应性，能够随着穿着者的动作而变换形态。例如，他们设计的一款名为“珊瑚”的手镯就是通过模拟珊瑚生长的过程而制成的，展现了大自然的鬼斧神工。

二、服饰生产流程的优化

在传统的产品设计流程中，设计师首先通过市场研究、趋势分析和灵感探索来形成初步的设计概念，随后他们通过手绘草图来表达和发展自己的创意。一旦确定了设计概念，设计师将进行更细致的设计工作，比如绘制精确的图纸或制作模型，并根据设计需求选择合适的材料和生产方法。制作出第一个实体样品或原型后，需要对其设计的可行性进行测试，然后根据测试结果进行必要的修改。原型测试完成后，将对确认的模型制订生产计划，准备所需材料和工艺。在上述准备工作充分完成后，开始批量生产产品，并最终对产品质量进行检查以确保符合销售标准。

图1-3-8　生成式服装设计　冯仁静（2024）

然而，依托于人工智能的设计流程大幅简化了这一复杂过程。首先，通过AI进行草图绘制或3D建模，加快了设计过程，其能够反复修改和迭代的特性极大地提高了设计的灵活性（见图1-3-8至图1-3-11）。然后，利用3D打印技术快速制作模型，减少了从设计到模型的时间，并且可以使用数

图1-3-9　生成式服装设计　祖鹏宇（2024）

字虚拟技术进行设计测试，减少了物理原型的需求，从而减少材料浪费，降低生产成本。最后，利用AI进行产品质量监控和数据分析，提高了质量控制的准确性。这使得整个设计过程更加灵活，能够迅速适应市场趋势和消费者需求的变化。通过这些优化，人工智能不仅提高了设计流程的效率和速度，还能降低成本，同时提升了产品的质量和市场适应性。从2021年起，服装品牌Tommy Hilfiger彻底革新了其设计流程，从草图到样品制作再到产品陈列，全部采用3D设计技术完成。这一转变意味着品牌不再使用传统纸质草图，也不再经历多次实体样衣的制作和修改过程。相反，Tommy Hilfiger的绝大多数服装在展示于展厅或面向消费者出售之前，完全是以数字化形态存在的。这样的变革不仅提高了设计效率，而且减少了物理材料的使用，同时也标志着品牌在可持续发展和数字化转型方面迈出了重要步伐。

图1-3-10　生成式服装设计　彭蓝萱（2024）

在生产环节，智能制造技术的引入，如自动化机器人和物联网设备，正逐步变革传统生产方式。这些设备能够通过互联网进行数据交换，显著提高生产线的自适应性和灵活性，从而更好地适应不同的设计要求。人工智能的应用使得批量生成所需内容成为可能，极大地缩短了品牌的制作周期，优化了商品内容制作体系。尤其在面对如“双11”、“双12”等时间间隔短、工作内容繁杂、主推产品数量多的营销节点时，内容素材的快速制作不仅释放了人力资源，还将更多精力集中在其他核心任务上，加速了内容生产与分发流程。

牛仔品牌Levis宣布与西班牙工业激光专家Jeanologia合作，开发一项新技术，即利用激光完成牛仔裤上的磨损与做旧效果，取代了以往的人工处理模式。这一技术革新将过去需要数小时手工完成的工序缩短至几十秒，且使用的化学物质从上千种减少至十几种。这种“无人化”的生产方式正成为越来越多品牌追求的目标，它不仅确保了高效环保的生产环境，还在替代人工劳力的同时，尝试为顾客提供更多的参与度。例如客制服务，顾客将可以通过智能手机设计专属的牛仔裤，享受更加个性化的服务。Grabit公司的制鞋机器人也展现了智能化生产的巨大潜力。这些机器人看起来像超大号的三明治机，能够与工人协作完成鞋面材料的加工。软件先确定如何叠放制作鞋面的材料，然后通过灯光指示工人将材料放置在玻璃桌面的特定位置。随后，一个静电吸附面板覆盖的平台降下，吸住这些材料，并将其精确转移至部分完工的鞋子上方。关闭电极电源后，鞋面材料便被准确放置在适当位置，最后送入热压机完成成型。这一过程大幅减少了工人整理鞋面材料所需的时间，从原来的10~20分钟缩短至50~70秒。在8小时的轮班期间，一台由一名工人监控的机器人可以制作出300~600双鞋子，极大提高了生产效率。（见图1-3-11）

图1-3-11　为数字人苏小妹设计服饰　郑红（2024）

人工智能技术不仅可以帮助设计师探索和实验新型材料，如轻质合金、生物基材料或者智能材料，还能够模拟不同材料的物理和化学特性，预测它们在实际穿着戴佩的表现，如耐久性、重量和舒适性等，从而帮助设计师做出更明智的材料选择。同时，AI也助力于探索不同材料的组合使用。例如，将传统金属与新型合成材料结合，创造出既有现代感又不失传统美的设计。通过模拟不同材料组合的效果，AI可以预测这些组合在实际生产和佩戴中的表现，进一步优化设计方案。央视财经的一次探访揭示了人工智能技术在深圳罗湖一家黄金珠宝企业生产车间的应用。

这里的智能设备已经从最初的简单图案雕刻迭代到现今能够进行智能镶嵌和360度镜面切割的高级功能。在每分钟2万次的高转速下，成型的产品无论从哪个角度看都光泽感满满，普通黄金也能呈现出钻石般的视觉效果，极大地丰富了黄金饰品的多样性和创造性。这一进步不仅展示了AI技术在珠宝制造领域的实际应用，也预示了其在未来珠宝设计中的必然趋势。

此外，AI还在结构创新方面展现出巨大潜力。它能够生成复杂的几何形状和结构，这些在传统手工制作中可能难以实现，如复杂的网络结构、有机形态或者是微观结构的模仿。这不仅为设计师提供了更大的创作自由度，还有助于测试不同设计的结构强度和稳定性，确保服饰的美观性和实用性。耐克公司的Flyknit技术利用AI和高精度的纺织设备，通过计算机编程设计鞋面结构，实现复杂的图案和性能定制。Flyknit不仅改善了运动鞋的舒适度和贴合度，还减少了材料浪费，提升了生产效率。AI在这一过程中负责优化材料使用和结构稳定性，确保产品既美观又实用。

三、传统服饰销售方式的重塑

（一）趋势预测与个性化定制

人工智能技术的应用正迅速成为推动时尚趋势预测和个性化设计的重要力量。AI能够处理和分析来自多个渠道的大量数据，包括历史销售记录、消费者行为数据、流行色彩和图案以及社交媒体上的时尚讨论。这种广泛的数据集成为AI提供了全面的趋势预测基础。利用机器学习和模式识别技术，AI能在众多数据中快速识别出可能流行的设计和色彩，比传统的人工分析方法更迅速、更准确。基于这些分析和预测，它还可以作为设计师的创新伙伴，通过数据驱动的见解激发新的设计思路和概念。准确的时尚趋势预测能够帮助品牌减少库存积压，从而降低运营成本并提高资金流转效率。此外，AI的高效数据处理能力还可以使服饰品牌更快地响应市场变化，提前布局新的时尚趋势，抢占市场先机。

在人工智能相关技术的介入下，消费者和设计师之间的界限逐渐模糊，通过网络平台的互联互通，每个人都可以成为设计师。这种变化不仅减少了消费者不必要的消费行为，还推动了大众审美向个性化、私人化发展。大数据分析取代了传统的用户纸质调查。通过收集和分析消费者的购买历史、社交媒体活动和在线行为数据，人工智能系统能够匹配关键词，高效准确地提供设计服务。它能够根据消费者的心理需求，定制独特的服饰方案，从而满足大众对个性化和差异化的追求。

Stitch Fix是一家在线个人造型服务公司。该公司利用AI算法为顾客提供个性化的服饰搭配。顾客只需要填写一份关于自己尺寸、风格偏好和预算的问卷，Stitch Fix的AI系统就会根据这些信息，以及不断变化的时尚趋势，挑选出合适的衣物并邮寄给顾客。顾客可以在家中试穿，并决定购买哪些产品。AI系统还会根据顾客的反馈进行学习，不断优化选择过程，以更好地满足顾客的个性化需求。此外，Adidas和Zalando合作开发了一种名为Virtual Shopping Assistant的服务，使用AI为顾客提供个性化的购物体验。顾客可以通过手机访问该服务，AI助手会基于顾客的选择和反馈实时提供服装建议。这项技术不仅提高了顾客满意度，还为Adidas带来了更好的库存管理和产品推荐效率。

阿里巴巴旗下的FashionAI也展示了人工智能在服饰个性化定制方面的潜力。通过深度学习和计算机视觉技术，FashionAI能够识别顾客的身体特征和穿着偏好，为他们推荐合适的服装。在杭州的一家新零售体验店中，顾客只需走进店内，FashionAI就能根据他们的特征推荐服装，并提供试穿的服务。这些案例表明，人工智能正在成为服饰行业个性化定制的强大推动力。通过AI技术，服饰企业能够更好地理解消费者需求，提供更加个性化、高效的服务，同时也为消费者带来更加丰富和满意的购物体验。随着技术的不断进步和应用，未来服饰个性化定制将更加普及和精准，成为服饰行业的新常态。

2015年，Adidas在德国启动了一个名为SPEEDFACTORY的全机械式工厂项目。该项目利用机器人技术完全替代人工劳力，实现了每年4500万双鞋的高产量。到了2018年，Adidas将SPEEDFACTORY带入线下展览，为参观者提供了一种全新的互动体验。其中，体感墙上的传感器能够追踪并扫描身体运动轨迹，同时多块屏幕实时呈现个人的体能数据。足部扫描仪则运用多重激光技术，以精准测量双脚的形态，并为每个访客提供专属的足部3D模型。此外，展览还设有自定义式速度驱动跑步机，能够实时记录个人体能数据，并同步生成跑步视频。面部扫描仪则由多台相机组成，能够同时捕捉正面及侧面图像，结合个人信息、GPS定位和面部数据等多项指标，为访客提供全面的评估。最引人注目的是互动体验鞋区域，只需拿起内置芯片的跑鞋，即可在大屏幕上显示相关信息。短短几秒内，互动装置生成的数据就会通过微信小程序发送到每个访客的手机上，使个性化体验更加便捷和直观。这一系列活动不仅展示了Adidas在制鞋技术方面的创新，还向公众展示了未来运动鞋定制和生产的可能性，进一步提升了品牌形象并增强了顾客体验。而Reebok的Liquid Factory实验室则采用了一种创新的无模具制鞋模式。在完成3D绘图之后，Reebok运用高能液体材料直接制造鞋履的各个组件，彻底摒弃了传统的固定模具需求。在此模式下，人工主要参与到设计环节中，这种先进的生产方式不仅极大地提升了制造效率，还使得实时的鞋履定制服务成为可能，为消费者带来前所未有的个性化体验。

（二）服饰消费体验升级

人工智能在改变消费者的购买体验和互动交流方式的过程中，虚拟试穿和数字营销扮演着至关重要的角色。随着人工智能技术的日益成熟，消费者现在能够通过线上平台随时随地购买并试戴珠宝和时尚配饰，这极大地提升了购物的便利性。购物平台提供了丰富的产品信息，包括用户评价、产品演示图以及试戴效果展示，这些信息帮助消费者做出更加明智的购买决策。此外，借助增强现实（AR）技术，消费者无须实际试穿就能预览自己佩戴珠宝或服装的效果，这不仅增加了购物的乐趣，还提高了购买的准确性和满意度。在国内电商平台如淘宝和京东，AR和VR技术已经得到了广泛的应用，以辅助消费者选购相关服饰产品。超真实的三维珠宝渲染技术能够呈现出极其逼真的珠宝图像。在虚拟现实（VR）和增强现实（AR）的环境中，不仅可以实现人机互动操作，还能让消费者感受到如同真实佩戴这些珠宝的效果。

意大利的奢侈时装品牌VALENTINO与Farfetch旗下的增强现实科技公司WANNA合作，推出了名为VTO的虚拟试衣服务，2023年秋冬系列的部分男女装已经登陆这一平台。该软件采用了独特的算法，能够逼真地再现衣物的纹理和材料，并且支持鞋类、手表、包包以及美妆等类别。随着这种专为成衣奢侈品设计的新AR类别的推出，AR虚拟试穿有效地克服了网上购物的局限性。

GUCCI在2022年宣布，将在Sandbox虚拟世界中购买的土地开设在线概念店GUCCI Vault（古驰金库），正式进军元宇宙。这家虚拟商店展示了GUCCI的复古单品和NFT系列，旨在为消费者创造一种全新的互动体验。GUCCI的元宇宙之旅包括多个阶段，从虚拟试穿、NFT系列到线上展览，再到Roblox虚拟游戏平台上的Gucci Town。2023年，GUCCI在多个平台上创建了2023春夏系列的元宇宙秀场，继续拓展数字渠道，增强与消费者之间的情感链接和互动，展现品牌的优势和魅力。

其中，VRBOX平台能够搭建高度真实的珠宝商铺场景。设计师可以通过虚拟现实头盔和平台自主设置模特的外貌、着装、身高、肤色、年龄等参数，用于试戴珠宝。设计师还可以选择佩戴的珠宝款式，自主设置首饰的材质、款式等参数，并结合模特及珠宝的款式选择搭建适合的场景。这种虚拟试戴过程突破了时空的限制，使设计师可以沉浸式地体验整个珠宝设计和穿戴流程，从而更好地结合不同场景和模特风格设计出不同款式的珠宝。同时，虚拟现实技术打破了时空限制，通过网络实现消费者24小时的消费需求，节约消费者的时间，无论身处何地都能通过虚拟场景的搭建体验沉浸式的消费模式。

在人工智能时代，虚拟偶像正成为数字销售领域的又一强大助力。以Lil Miquela为例，这位来自美国的虚拟模特和音乐人拥有多国血统，已经发行了个人单曲，并与香奈儿、普拉达等大牌合作过。她的影响力如此之大，以至于被《时代》周刊评为“25位最有影响力的互联网人物”之一。近年来，类似的虚拟偶像层出不穷，包括亚洲首位虚拟模特粉红色头发的Imma、全球首位虚拟超模南非的黑皮肤Shudu Gram，以及国内的超写实国风虚拟人物、美妆博主柳夜熙、八线虚拟女艺人阿喜和阿里巴巴首个数字员工AYAYI等。他们每个人都坐拥数十万甚至上百万粉丝，广告邀约不断。

2023年7月，梦金园推出了新品大师匠传系列。新华网旗下的首位原生数字人筱竹作为中华文化推荐官和非遗文化守护官，受邀助阵。筱竹作为新品推荐官，将梦金园与“燕京八绝”和“三孔文化”联名的大师匠传系列呈现给消费者。通过数字人筱竹与现场非遗大师的破次元交流，展现了高级感，实现了科技与文化内涵的完美融合。同年10月，在北京珠宝展上，菜百股份展位上的数字人直播吸引了众人围观。这是菜百股份2023年数智化创新的成果之一。他们运用3D高精模拟真人技术生成虚拟形象，并通过语音或手势控制进行智能驱动。同时，他们还运用了语音识别和自然语言处理技术，实现与观众的实时互动和沟通。

由于虚拟偶像不存在真实的实体，他们不会受到现实中利益纠纷或绯闻等负面因素的影响，因此受到了许多追求完美主义者的青睐。

这些虚拟偶像不仅能够为品牌带来巨大的商业价值，还能够在社交媒体上与粉丝进行互动，形成强大的粉丝群体。他们的出现在某种意义上改变了传统的销售模式，使得品牌能够通过与虚拟偶像的合作来吸引更多的年轻消费者。随着技术的进步和消费者行为的变化，虚拟偶像的影响力会越来越大，成为数字销售领域不可忽视的力量。

思考题

1. 描述人工智能在预测服饰时尚趋势方面的工作原理及其对设计师和零售商的潜在影响。

2. 讨论虚拟偶像在服饰销售和市场营销中的作用，以及它们如何与消费者互动并影响消费行为。

第四节　AI时代传统服饰设计的挑战与未来

本课程探讨AI时代传统服饰设计面临的挑战与未来发展方向。分析AI生成设计的原创性质疑、版权归属复杂性及法律伦理新挑战，强调设计师需提升职业素养，平衡技术应用与创意思维，关注AI的局限性，保持设计的独特创新价值。同时，讨论AI创作作品的法律框架不足及未来的适应策略，使读者形成批判性思维和法律伦理意识。

课程内容

1.AI生成的设计方案，可能缺乏人类设计师的独特审美和情感表达，引发对设计原创性的质疑。

2.AI生成的设计作品的版权归属问题复杂，涉及AI开发者、用户和设计作品的实际创作者。

3.AI在设计领域的应用引发了法律界和伦理界的新挑战，需要重新审视和调整现有的版权法框架，以适应AI技术的发展。

训练目标

1.了解AI如何在设计领域提供帮助，同时认识到其可能带来的原创性和版权问题。

2.对AI技术在设计中应用的批判性思维，评估其对设计原创性的影响。

3.对AI在设计中涉及的法律和伦理问题的认识，特别是在版权归属和原创性方面。

重点与难点

1.重点

（1）探讨AI与人类设计师合作的方式，确保设计作品既具有创新性又能反映设计师的独特视角。

（2）在使用AI技术时需要考虑到伦理问题，如数据隐私、算法偏见和社会责任。

2.难点

（1）AI生成作品的版权归属问题，包括法律框架、责任界定和实际案例。

（2）如何利用AI技术提高设计效率和创新，同时保持设计的原创性和个性化。

人工智能技术正在推动设计师创作方式的变革。在提升效率促进创新的同时，也对设计师的职业素养提出了新的挑战。AI的优势在于数据分析、自动化优化、用户研究、创意生成等方面，

图1-4-1　生成箱包设计　刘雨桐（2024）

图1-4-2　生成国风箱包设计　蒋熙（2024）

能够辅助设计师高效地完成设计任务（见图1-4-1、图1-4-2），并探索新的设计可能性。

然而，过度依赖AI可能导致设计师的创意思维能力下降，审美趋同。因此，设计师需要保持对技术的敏感性，及时掌握最新的设计工具，并不断增强自身的创新能力，以保持独特的设计理念和风格。

同时，AI在设计领域的应用也引发了原创性与版权的问题。随着AI创作作品数量的增加，如何界定这些作品的知识产权归属成为一个亟待解决的问题。例如，AI绘画《太空歌剧院》获奖案例和腾讯涉及AI著作权的案例，都凸显了当前法律框架对于AI创作权利界定的不足。未来，法律界需要明确智能系统生成的作品是否具有独创性，以及创作权应该归属于设计师、开发者、使用者还是智能系统本身。这要求设计师在使用AI工具时，不仅要关注技术的使用，还要了解相关的法律法规，确保自己的创作权益得到保护。

一、对设计师职业素养的挑战

人工智能通过数据分析和预测、自动化和优化、用户研究和人机交互、创意生成和探索、虚拟现实和增强现实以及协作与共享等方式，为设计师提供了强有力的工具，探索设计的更多可能性。然而，我们也不能忽视其中可能存在的问题。

过度依赖人工智能可能会导致设计师的创意思维能力下降，甚至逐渐导致审美的固化与“AI化”。因此，设计师除了需要保持对技术的敏感性，及时掌握最新的设计工具和技术，还需要不断增强自身思维的创新。当前阶段的AI首饰设计在技术和效果展示方面表现出一定的优势，但仍依赖使用者的专业素养，包括对材料的熟练运用、设计灵感的充分表达、对设计风格的深刻理解、巧妙运用设计手法以及对图像品质的精准把控等方面。这意味着设计师在使用AI工具时需要具备高水平的专业素养。这一趋势也促使设计师不断创新思维，以更好地融合人工智能技术与独特设计理念。设计师需要保持对技术的敏感性，及时掌握最新的设计工具和技术，并将其融入自己的创作中。通过掌握人工智能技术，设计师可以更加高效地进行创意设计，提高设计质量和效率。

服饰相关领域的设计师需要关注人工智能技术的局限性和不足之处，避免技术问题对设计方案造成负面影响。例如，AI可能无法完全理解人类的美学观念和文化背景，导致设计作品缺乏深度和文化内涵。此外，AI也可能在创新方面受限，无法像人类设计师那样进行跳跃性的思维和创造性的突破。因此，AI只能是在设计中发挥辅助作用，而不能替代设计师的创造力和专业技能。设计师应该将AI视为一种工具和助手，而不是替代品，他们需要继续培养自己的创造力、审美能力和专业知识，以确保在利用AI技术的同时，能够创造出真正有价值和有意义的设计作品。

二、原创性与版权问题

当使用人工智能生成的算法或模型创作作品时，不可避免地会涉及创作权的归属问题。在美国科罗拉多州博览会上得奖的作品《太空歌剧院》就引发了许多争议，因为这幅画作是由AI绘画生成的，并非手绘。2020年3月19日，深圳市腾讯计算机系统有限公司提起的案件引发了关于人工智能生成物是否拥有著作权的广泛讨论，学界及实务界对此争议颇多。2024年4月9日，广州互联网法院公布了一起生成式AI服务侵犯他人著作权的判决，这是全球范围内首例AI模型著作权侵权判决。此案例标志着对AI创作权利的法律界定开始有了更为明确的界限。

这些人工智能是否能够创造具有独创性的作品，以及作品的知识产权应该归属于算法的开发者还是生成的艺术家，目前尚无明确的法律框架，这也引发了关于艺术作品的创意归属权和法律责任的广泛讨论。因此，有关人工智能的原创性与版权意识是未来值得探讨的重要议题，需要明确智能系统生成的作品是否具有独创性，以及创作权应该归属于设计师、开发者、使用者还是智能系统本身。未来可能需要进一步完善法律框架，明确在这种情况下的知识产权归属。

思考题

1.在利用人工智能辅助设计的过程中，设计师应如何平衡技术应用与保持个人创意思维的关系？

2.针对AI创作作品的原创性和版权问题，目前的法律框架存在哪些挑战和不足？未来法律应该如何适应AI技术的发展？

3.你认为AI在设计中使用可能会涉及哪些伦理问题？

第二章 项目与实训

本章通过对传统服饰图案时尚化设计、数字服饰材料设计、传统工艺AIGC辅助创新设计以及传统文化与参数化服饰设计的深入探讨和实践操作，系统地训练出对传统文化的深入理解、对现代数字技术的应用掌握以及对创新设计理念的敏锐洞察。通过多维度的学习，读者不仅能够在现代服装设计领域中找到传统与现代的完美结合点，而且能够开发出具有市场竞争力和文化价值的设计作品。

第一节　传统服饰图案与时尚设计

在全球化的大背景下，传统文化与现代设计的融合已成为国际时尚界的一大趋势。尤其在中国，随着国力的增强和文化自信的提升，中国的传统服饰文化受到了广泛的重视和复兴。在这样的时代背景下，传统服饰图案不仅作为文化遗产的一部分被保护和传承，同时也被重新解读和创新，广泛应用于各类现代设计中，形成具有鲜明特色的"中国风"潮流。

传统服饰图案承载着丰富的历史文化意义和审美价值，是连接过去与未来的桥梁。这些图案的运用已经超越了服装界限，扩展到家居装饰、数字媒体、消费电子等领域。这种跨界应用不仅增强了产品的文化深度和艺术价值，还促进了文化多样性和文化交流，增加了市场竞争力。因此，深入研究传统服饰图案在当代设计中的新表现和新意义，对于推动传统文化的现代转化与创新发展具有重要的实际和长远意义。

本课程"传统服饰图案与时尚设计"旨在通过对传统图案的学习和实践，帮助读者不仅重视图案的视觉美感，更深层次地挖掘和传达其文化内涵，从而在多种设计领域内推动一种既古典又现代的设计新趋势。

一、项目概况

（一）项目内容

本课程项目专注于探索和实现中国传统服饰图案在现代设计领域的广泛应用，将对云纹、龙凤、莲花等传统图案进行深入研究，并探索这些图案如何创新地应用于服装、家居用品、数字界面和消费电子产品等不同领域。通过案例研究和设计实践，将从传统服饰文化符号到当前时尚流行趋势进行跨越，深入剖析图案中的符号，并在此基础上进行再创造。该过程不仅包括图案的解构与重构，还旨在通过小组讨论和实际操作训练，使读者能够精确把握符号设计的准确性和风格化，进一步推动设计创新和时尚文化的建构。

（二）训练目的

1.理解和传承文化：通过深入学习传统图案的文化和历史背景，增强对传统元素的文化敏感性。课程将探索这些图案背后的文化符号及其文化语义，以更好地理解其在传统和现代社会中的重要性。

2.适应现代设计语言和市场需求：本课程将培养读者的设计转化能力，使他们能够将传统图案适用于当代时尚文化语境中，满足现代设计语言和市场需求。读者将练习如何进行美学的调整，确保设计既保留传统文化的精髓，又能吸引现代消费者。

3.结合传统元素与现代趋势的创新设计技能：读者通过设计课题，掌握将传统元素与现代设计趋势结合的技能。这不仅仅是创造符合现代审美的作品，更是推动传统图案在各类现代产品设计中的创新应用。

4.培养跨界设计思维：本课程鼓励读者在多个设计领域内应用传统图案，如服装、家居装饰、平面设计和虚拟应用，以培养其跨界思维和适应能力。这种综合性训练不仅深化了对传统文化的理解，还提升了读者在不同设计环境中创新整合和解决问题的能力。

（三）重点和难点

1.重点

（1）深入理解传统服饰图案的文化和历史背景，以及这些图案所承载的象征意义，从而准确传达其文化内涵。

（2）掌握如何将传统图案与现代设计趋势相结合，实现创新而有意义的设计，既保留了传统文化精髓，又符合现代审美和市场需求。

（3）拓展传统服饰图案的应用领域，培养读者在不同设计领域（如服装、家居装饰、平面设计、数字媒介等）中的应用和创新这些图案的能力。

2.难点

（1）如何在保持传统图案原有精神内核的同时，进行适当的现代化改造和创新，使之能够融入现代设计语境中。

（2）解构传统图案的过程中，面临如何保持其原有象征意义和审美价值，同时又让设计作品呈现出新颖性和个性化的挑战。

（3）在跨界应用中，如何处理传统图案与新媒体技术、不同材料和现代设计元素的融合，以实现和谐且具创新性的设计。

（四）作业要求

1.传统服饰图案研究

选择一个或多个传统服饰图案，进行深入研究。分析这些图案的历史背景、构成形式、文化意义和象征意义，以及它们在不同历史时期的变化与发展。

2.时代性元素及趋势研究

收集最近一年的热点事件，并参考相关趋势网站，以此提炼出当前最受关注的趋势主题之一。尝试从形状、色彩、质地、构造及语义任意一方面对该趋势主题进行视觉化解读。

3. 传统元素与现代元素的设计碰撞

将所提取的传统图案中的“形、色、质、构、语义”与现代元素结合，探索创新图案的设计。设计一套作品（可以是系列图案、虚拟产品、动画、数字界面设计或其他形式），要求设计成果不仅体现图案的传统美学，还要展现创新的设计理念和现代应用。

这些作业要求旨在通过实际操作和反思，加深读者对传统服饰图案的理解，并通过培养跨界设计思维，提升读者的创新设计能力和文化自信。

二、传统服饰图案时尚化设计案例

（一）“Simplicity to Complexity”插画设计

这套名为“Simplicity to Complexity”（译：简单复杂化）的插画系列，是作者安东尼·林（Anthony Lam）对传统美学与现代观念冲突的深刻探索。作品聚焦于中文成语“简简单单”，通过变异书法的形式，展现了“简单”这一概念在视觉表达上的复杂性（见图2-1-1至图2-1-4）。在传统书写中，“简简单单”应表达一种简洁明了的美学，然而其繁复的笔画和结构却意外地揭示了追求简单背后可能隐藏的复杂思维过程。

通过这些插画，艺术家巧妙地挑战了人们对“简单”这一概念的传统看法，并引导我们思考如何在追求简洁的同时，不可避免地涉入复杂的思考过程。这套作品既是书法艺术的创新尝试，也深刻探讨了现代生活哲学，提醒我们在复杂的世界中寻找并珍惜真正简单纯粹的美好。

图2-1-1 “简单复杂化”插画1 安东尼·林（Anthony Lam） 中国香港（2024）

图2-1-2 “简单复杂化”插画2 安东尼·林（Anthony Lam） 中国香港（2024）

图2-1-3 “简单复杂化”插画3 安东尼·林（Anthony Lam） 中国香港（2024）

图2-1-4 “简单复杂化”插画4 安东尼·林（Anthony Lam） 中国香港（2024）

（二）香港理工大学时装及纺织学院时装秀视觉海报

这个设计方案来自香港理工大学时装及纺织学院（School of Fashion and Textiles，The Hong Kong Polytechnic University，SFT）的一次时装秀视觉设计，由Anthony Lam创建的Atelier Avocado设计工作室负责设计工作。这个设计方案的核心概念是“开箱”，通过采用类似常见纸箱切割形状的轮廓（见图2-1-5至图2-1-7），不仅展示了毕业生的最终作品，还象征着毕业生在时装秀中展现创意的重要时刻，同时标志着他们时装设计职业生涯的新起点。此外，为了增强整体的视觉效果，这次视觉设计特别对字体进行了重新设计，通过这种方式，毕业生“开箱”展示了他们的创造力，并迎接职业生涯中的新阶段。

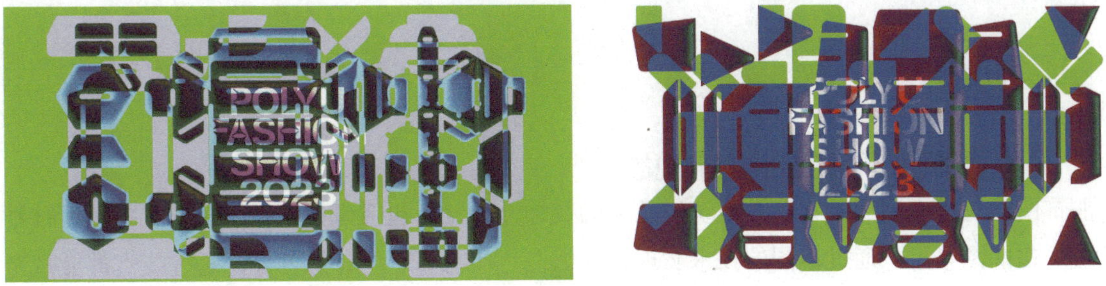

图2-1-5 “开箱”海报设计1 安东尼·林（Anthony Lam） 中国香港（2023）

图2-1-6 “开箱”海报设计2 安东尼·林（Anthony Lam） 中国香港（2023）

图2-1-7 “开箱”海报设计3 安东尼·林（Anthony Lam） 中国香港（2023）

（三）插画师Yo Az的几何图案艺术

Yo Az（译：约·阿兹）是一位法国巴黎的插画设计师，他的作品以使用几何图形和丰富的色彩搭配构建动物头像而闻名。这位居住在巴黎近郊的插画家以其复杂而绚丽的作品在网络上获得了广泛关注。他的艺术风格受到几何构图和立体主义的影响，这些元素使他的插画不仅具有视觉冲击力，还体现了现代审美（见图2-1-8、图2-1-9）。

在职业生涯中，Yo Az与多个国际知名品牌合作，包括 PlayStation、加拿大凯迪拉克和服饰品牌RELICS（译：遗迹）。他的设计作品擅长将多元文化与历史元素相结合，为经典图像赋予现代风格和表现形式，显示了他在现代设计中的创新才能。Yo Az 的艺术创作不仅丰富了插画设计的多样性，还推动了传统与现代元素的融合，为现代视觉艺术领域带来了新视角和灵感。

三、知识点

（一）传统服饰图案的起源与历史

服饰图案是指应用于衣物和其他纺织品上的装饰性设计，包括各种形状、图像、图形、符号和纹理。这些图案可以通过不同的技术实现，如织造、印花、刺绣、染色等，每种技术都能带来不同的视觉和触觉效果。服饰图案不仅起到美化衣物的作用，更是一种文化表达，反映了一个地区或文化的审美观念、传统、信仰和社会身份。

图2-1-8　插画设计1　Yo Az（约·阿兹）　法国巴黎（2023）

图2-1-9　插画设计2　Yo Az（约·阿兹）　法国巴黎（2023）

传统服饰图案在服装上的使用可以追溯到商周时期，随着丝绸及染织技术的发展，服饰开始出现装饰性的图案。这些图案最初可能是借鉴了铜器和陶瓷器上的设计元素，逐渐发展出专门适用于纺织品的图案样式。

到了汉朝，随着丝绸之路的开放，中国的丝绸和其他纺织品开始大量出口，丝绸制品上的图案也日益精细化。这一时期，服饰图案中的动植物元素变得流行，如凤凰、龙、莲花等吉祥图案，它们不仅美观，还具有一定的神话和文化寓意。例如，龙和凤凰通常象征着帝王和皇后，表示权力和尊贵。这一时期，图案主题开始丰富，不仅限于自然象征，还扩展到表现日常生活和传说故事，如狩猎图、仙人图等。

唐宋时期，中国的丝绸之路贸易达到高峰，带动了文化和艺术的繁荣，服饰图案的种类和技术达到了一个高峰。唐朝的服装图案受到了中亚以及更远地区文化的影响，图案中的色彩变得更加丰富多彩，形式也更为大胆。唐朝的服饰图案多采用大胆的色彩和大型花卉图案，如牡丹（国色天香）、莲花（清纯高洁），反映了当时社会的开放和富裕。宋朝则更注重图案的精细和含蓄，花鸟鱼虫图案广泛应用于服饰中，表现了文人墨客的雅致生活。

明清时期，随着皇权的加强，服饰图案的使用更加规范化，尤其是在皇家服饰上。龙袍上的龙图案成为皇帝的专属象征，而其他如麒麟、凤凰等吉祥图案也被规定在特定的官服或礼服上使用，每种图案都有明确的象征意义和使用规范。这一时期的图案不仅美观，更具有严格的社会和政治含义。

进入现代社会，传统服饰图案依然被广泛用于现代汉服、节庆装饰及其他艺术品中，同时也被现代设计师重新诠释和创新，成为连接古今、传达中国文化身份的重要元素。

（二）传统服饰图案的表达方式

传统服饰图案的表达方式融合了形状、色彩、质地、构成和语义，每个方面都反映出深厚的文化特色和艺术价值。形状方面，各种具体的图案如蝴蝶、葡萄、蝙蝠和花卉等，常常具有特定的寓意，如多子多福。这些图案在文化中不仅作为装饰元素，还传递了特定的祝福和愿望。色彩的使用通常与文化寓意密切相关，如红色在中国代表喜庆和运气。在质感方面，不同的制作技术和面料材料赋予服饰独特的触感和视觉效果。例如，使用丝绸和绸缎等材质可以增强服饰的光泽感和流动性，而棉或麻材质则提供更为自然和舒适的感觉。这些材质不仅影响着服饰的实用性，也强化了服饰的视觉和感官体验。构成涉及图案的对称性、重复与排列，这些构成方式不仅增强了视觉美感，还能够强化图案的文化象征意义。最后，语义层面，图案常承载着丰富的文化内涵和美好的祝愿，这些深层的意义使得图案更具文化价值和情感深度。整体上，这些表达方式共同作用，使得传统服饰图案成为连接过去与未来、表达文化认同和价值观的重要媒介。

1.传统服饰图案的“形”

传统服饰图案的“形”是其最直观和核心的表现方式，通常通过各种形态和形象来传递特定的文化意义和审美观念。这些形态和形象包括各种花卉、吉祥纹样以及其他象征性图案，它们在不同文化和历史时期内承载着丰富的象征意义和审美价值。常见的服饰图案的“形”包括以下几点。

（1）花卉图案，是传统服饰中最常见的图案之一，每种花卉都有其特定的文化象征意义。例如，在中国文化中，牡丹被视为富贵和繁荣的象征，常用于表达吉祥和高贵；莲花因出淤泥而不染的特性，象征纯洁和高雅；菊花代表长寿和持久的友谊，常用于表达对长寿和健康的祝福。

（2）动物图案在中国传统服饰中具有丰富的象征意义，每种动物都代表不同的祝福和美好。龙是中国传统文化中的至高象征，代表着权力、威严及帝王的地位，龙纹常出现在皇帝的龙袍上，象征帝王的至高无上；凤凰象征着高贵、美丽和女性的力量，常与龙纹配对，代表男女和谐与皇室的祥和；蝙蝠因“蝠”与“福”在汉语中同音，蝙蝠图案象征着好运和幸福。

（3）吉祥纹样也蕴含深厚的文化意义，常用以祈求幸运、健康和长寿。团花图案由各种花卉组成，象征和谐美满，常见于婚礼和节日服饰；云纹模仿天空的云彩，象征天的恩赐和持续好运，常装饰于皇家和传统节日服饰中；回纹源自佛教的连续几何图形，象征生生不息和无限循环，反映佛教的轮回观念；火纹或火焰纹象征光明和智慧，常用于驱邪和保平安的场合；水波纹模仿流动的水形态，代表流动、变化及富足。

（4）还有一些如双喜、八卦等符号，这些符号常被用来祈求健康、和谐与平衡；山水画图案、人物故事图案等，图案通常用于表现特定的文化故事和教育意义；少数民族服饰中的独有的文化符号，也是服饰图案重要的组成部分。这些图案在中国传统服饰中的运用反映了中华文化的多样性和复杂性。

“形”的选择不仅为了美观，更重要的是它们的象征意义。这些形状和图案与人们的日常生活、宗教信仰和社会价值观紧密相关，它们的使用可以强化社会纽带，传递文化认同，并为穿着者提供精神上的支持和保护。

2.传统服饰图案的“色”

中国传统服饰图案中的用色规律承载着独特的文化编码，其配色方式遵循特定审美法则并传递出深远的象征内涵。这些色彩不仅丰富多彩，而且每种颜色都承载着特定的文化寓意。红色是最为显著的颜色，广泛用于各种节日和庆典服饰中，象征着幸福、繁荣和好运，同时也是驱邪的颜色；黄色通常与皇权和尊贵关联，是古代皇帝服饰的主要颜色；白色虽然在许多文化中象征纯洁和清新，但在中国，它也是哀悼和丧事的颜色；黑色和蓝色常被视为稳重和威严的颜色，与水元素和冬季相联系；绿色则象征生命和自然，常用来表达春天的活力。这些色彩的选择反映了中国传统哲学中的阴阳五行学说，以及与自然和宇宙的和谐相一致的观念。中国传统服饰中的颜色搭配不仅创造出独特的审美效果，更蕴含着深厚的文化内涵，这些色彩选择往往与古代哲学中的五行观念、社会等级制度等密切相关，成为传递民族精神与价值理念的重要方式。

3.传统服饰图案的“质”

在中国传统服饰中，图案的“质”主要反映了不同制作工艺对图案质感的影响，如印染工艺、色织和提花工艺、绣花工艺、编织工艺等，不同的工艺会形成独特的图案效果。不同的制作工艺带来了各自独特的视觉和触觉效果，丰富了服饰的表现力。

（1）通过印染工艺制作的图案通常具有清晰的轮廓和鲜明的色彩对比，使图案视觉上更为突出，触感上则保持了布料的平滑性。

（2）色织和提花工艺制作出来的图案与布料整体融为一体，图案的色彩由纱线本身组成，因此具有天然的色彩深度和丰富的层次感。提花工艺还可以在布料上形成凸起的图案，增加了触觉的多样性。

（3）绣花工艺使图案具有明显的立体感和精细的纹理，绣线的厚度和材质也为服饰带来了不同的触感体验。

总之，不同的制作工艺不仅影响着传统服饰图案的美观和艺术表现，还决定了服饰的触感和实用性，使得每件传统服饰都独具特色，充满深厚的文化韵味和艺术价值。

4.传统服饰图案的“构”

在中国传统服饰中，图案的“构”即构图，是指图案在服饰上的布局方式，包括图案的排列、组合、重复以及其在服装上的位置安排。这种构图方式在视觉上不仅需要达到美感的平衡与和谐，还必须符合特定的文化象征和传统美学标准。以下是几种主要的构图方式及其文化意义。

（1）二方连续图案：二方连续图案通过将基本图形在水平和垂直方向重复排列，形成有规律的装饰纹样，这种排列方式能让图案持续向两边延伸。这种构图方式常见于日常的传统服饰，如常服或家居服。它在视觉上创造出一种稳定和秩序感，反映了中国文化中对和谐与平衡的追求。

（2）四方连续图案：四方连续图案在四个方向上展开，通常更为复杂和细致，能在视觉上形成更丰富的层次感。这种图案的无限重复象征着永恒和无限，是一种表达豪华和尊贵的方式。它们经常被用在高级或仪式性的服饰上，如官袍或节庆服装，以强调其重要性和庄重感。

（3）单独图案：单独图案通常作为视觉焦点独立存在于服饰的核心位置，如胸前、背部或裙摆等显眼位置。这种方式强调了图案本身的象征意义和艺术价值，常用来表现重要的文化符号或个人标志，如龙、凤凰或者吉祥物。单独图案的使用通常象征着权威、保护或特别的祝福。

（4）综合图案应用：在实际应用中，这些构图方式可以独立使用也可以组合使用，以满足不同的文化表达和审美需求。例如，一件服饰可能在主体部分使用二方连续图案为背景，同时在显眼位置加入单独图案作为强调，这样的组合不仅丰富了视觉效果，也增加了图案的文化内涵。

通过精心的图案构图，中国传统服饰不仅展示了纺织和染织工艺的高超技艺，更是一种文化和哲学的展示。每种构图方式都承载着特定的文化象征和社会意义，反映了古代中国人对自然、社会和宇宙的理解与尊重。这些图案的"构"不仅是视觉艺术的表达，更是文化传承和社会纽带的重要组成部分，影响着人们的日常生活和精神世界。

5.传统服饰图案的"语义"

在中国传统服饰中，图案的"语义"层面是极为重要的，因为每一种图案都不仅是视觉上的装饰，更是文化价值、哲学思想和社会观念的传达载体。这些图案承载着丰富的文化内涵和象征意义，常常与穿着者的愿望、社会地位和文化身份密切相关。

（1）吉祥寓意：中国传统服饰图案广泛采用各种吉祥的象征来祈求幸运、健康和长寿。例如，蝙蝠图案因"蝠"与"福"同音而象征好运和幸福，鱼图案因"鱼"与"余"同音而象征富余和丰收，而莲花因其出淤泥而不染的特性象征纯洁和高雅。

（2）社会与政治象征：在中国封建社会中，服饰图案也用于区分社会等级和政治地位。龙纹图案作为帝王的象征，专用于皇帝的龙袍以彰显至高无上的权力，而凤凰作为"百鸟之王"，常象征高贵和女性力量，用于皇后和贵妇的服饰。

（3）自然与宇宙的映射：许多传统图案借鉴自然界的元素，如云纹图案象征天空和天神的恩泽，常用以表示天意和自然力量；山水图案则反映对自然景观的崇拜，象征大自然的壮丽与和谐。

（4）道德与哲学思想：传统图案经常与中国的哲学思想相结合，表达特定的道德观念和生活哲学。竹子图案象征坚韧和谦逊，表现人的高尚品格，而松鼠葡萄图案常见于文人服饰，寓意勤劳带来的丰收和富足。

在研究和学习中国传统服饰图案时，重要的是认识到某些核心元素和精神内核是必须保留的。这些元素不仅在视觉上提供美感，更重要的是，它们在文化和精神层面上承载着深刻的意义，是中国文化传统的重要组成部分。图案中的吉祥寓意、社会象征、自然崇拜以及与哲学思想的融合都是传承中国文化不可或缺的部分。

这些图案背后的文化寓意和象征不仅让服饰本身变得更有内涵，还使其成为传递历史、文化和价值观的媒介。保持这些象征性图案的完整性是对中国丰富历史和文化传统的尊重，也是确保文化传承不失其精髓的关键。

因此，当我们创新和再设计这些传统图案时，必须谨慎考虑哪些元素是核心的，不应被改变。保留这些图案的美好寓意和文化象征是连接过去与未来的桥梁，有助于培养一种对传统的尊重和理解。这不仅是对过去的一种致敬，还是确保未来世代能够继承和欣赏这份独特文化遗产的方式。通过这样的努力，中国的传统服饰图案可以继续在全球化的现代世界中传承和发扬光大。

（三）时代性元素及趋势

1.当前时尚趋势与时代元素

在当代设计领域，理解并运用时代性元素是捕捉社会动态和文化脉络的关键。时代性元素如色彩使用、材料选择、形式风格等，不仅仅是风格上的反映，更是时代背景、社会心理和科技发展的直接表达。这些元素在设计中的应用不仅能与观众产生共鸣，还能引领或反映社会风尚。例如，对可持续材料的偏好反映了社会对环保的重视；简洁、功能性的设计趋势则体现了现代人对效率和实用性的需求。每一个设计元素都是其时代文化和技术背景的产物，从广告到产品设计，从时尚到建筑，设计元素如图案、构造和使用的技术都能体现出特定时期的社会价值和文化优先级。数字化和互联网的兴起导致了信息图形和用户界面设计的流行；社会对健康和福祉的关注催生了以人为本的设计理念。通过这些元素的变化，设计师可以洞察到社会结构和文化倾向的转变，以及技术创新如何推动设计语言的演进。设计师在运用这些元素时，不仅是在创造美观的物品，更是在参与对话和推动社会文化前行。本章将深入探讨时代性元素在当代设计中的作用及其如何反映社会、文化和技术发展的趋势，帮助读者全面理解这些元素的重要性，并掌握如何有效地将这些元素融入自己的创作实践中，以提升设计的时代感和文化深度，更好地服务于现代社会。

在未来趋势预测与创新方向中，提取“形、色、质、构及语义”并将其转化为视觉设计中可用的元素和符号，是一个综合创新思维、技术应用和文化理解的过程。设计师需要深入分析这些趋势如何与当前和未来的社会、文化和技术变化相结合，并提取出具有代表性的时代元素符号，从而与传统服饰图案中的元素相互共鸣、互为补充。

形：从趋势中提取“形”的元素，关键是要理解新技术如何允许我们突破传统形态的界限。例如，3D打印技术使得更加复杂、有机的结构成为可能，设计师可以创造出传统手工技术难以实现的形状。利用这种技术，设计师可以探索新的形状，如模拟自然界中的形态，或是完全抽象和未来主义的设计，这些形态可以直接应用到时装、鞋品、配饰等领域。

色：色彩的提取和应用需要考虑文化趋势和技术创新。随着可持续材料的流行和消费者对环保的关注增加，自然和柔和的色彩可能会更受欢迎。此外，数字化技术也使得色彩的应用更为广泛，如使用LED或其他发光材料，可以在衣物上创造动态变化的色彩效果，增加视觉的动感和互动性。

质：“质”的提取关注材料的感觉和功能性。随着新材料的开发，如从海洋塑料或再生纤维制成的面料，设计师有机会探索这些材料独特的质地和属性。这些新材料不仅环保，其独特的质感也可以引导新的时尚趋势，比如更轻、透气或具有变色功能的面料。

构：在现代设计领域，特别是随着数字化工具和虚拟现实技术的普及，“构”的概念已经超越了传统的物理结构，向虚拟设计和高度创新的构成形式拓展。这些技术，如CAD软件、虚拟现实（VR）和增强现实（AR），为设计师提供了前所未有的能力来视觉化、构建和测试复杂的服装结构。设计师不仅可以在物理世界中探索新的构造方法，还能在虚拟空间中设计和测试，优化设计过程并提高效率。此外，数字化趋势也使设计师能够探索完全存在于虚拟空间中的产品设计，如虚拟时装秀中的服装或视频游戏中的服装，这些设计需要考虑虚拟展示的视觉效果和用户互动体验。通过这些新工具的应用，设计师能将形、色、质等元素以创新的方式融合，不仅挑战传统设计边界，还为时尚设计的未来方向提供了广阔的创造空间和前景。

语义：从趋势中提取“语义”元素，涉及将社会文化的演变转化为具有象征意义的设计语言。这可能包括从全球问题如气候变化、性别平等到地方文化特色的反映。设计师可以通过图案、图形和符号来表达这些主题。

2.时代性元素与传统元素融合的必要性

在当代设计中，时代性元素与传统元素的融合不仅是追求审美趋势的表现，它在更深层次上代表了一种文化的表达和探索。这种融合的重要性不仅在于它能增加设计作品的文化深度和情感丰富度，而且能确保设计的现代相关性。随着全球化的加深，不同文化的边界变得模糊，设计师越发偏爱将多元文化元素融入其作品中，创造出能够跨越文化壁垒、吸引全球目光的作品。例如，融合亚洲传统刺绣手法和西方的现代剪裁技术，可以创造出既含有东方神秘美感又不失西方流行风格的独特服饰设计。此外，这种融合反映出对可持续设计的重视，通过挖掘和利用当地的传统工艺和材料，不仅促进了濒危手工艺的保护和复兴，还带来了生产过程的环境影响降低。预计未来设计趋势将更加注重跨文化和生态友好的设计理念。随着消费者对产品背后的故事和来源越来越感兴趣，将传统元素和时代性元素结合的设计将成为品牌与市场竞争的一个重要优势。

3.传统与现代元素融合创新的未来展望

未来设计行业的发展将在很大程度上依靠时代性元素与传统元素融合创新的深度和广度。这种融合创新不仅限于美学层面的整合，它还包含了技术应用、可持续发展的实践方式，以及对文化认同感和意识的加强。时代性元素，如数字化技术的利用、新材料的探索和对环境友好的设计理念，与深植于不同地区文化中的传统美学和手工艺相结合，为设计师提供了前所未有的灵感和创作空间。在全球化的大背景下，传统文化元素更容易被国际社会接受，而现代设计技术的辅助让这些元素能更好地适应现代市场和审美需求。比如利用3D打印技术精准复制复杂的传统纹饰，或是将智能材料融入传统服装设计中，这不仅为传统文化提供了一种新的表现形式，同时也提升了产品的市场竞争力和功能性。这种跨文化和技术的结合不只是促进了不同文化的相互欣赏和尊重，也推动了整个设计行业向更加人性化、环境友好和技术前沿的方向发展。为了适应和引领这一趋势，设计师和品牌需要持续地创新和学习，探索如何将传统艺术与现代科技巧妙结合，来满足全球化背景下消费者日益多样化的需求。这一过程不仅是对传统文化的一种现代诠释，更是对未来设计方向的深度挖掘和引领。融合创新为设计师提供了一种新的方式，去探索如何在保留传统文化精髓的同时引入创新技术和理念，创造出不仅具有视觉吸引力同时也具有实用价值的设计作品。

通过这种方法，设计工作将变得更为丰富多元，促进了不同文化背景下人们的交流与理解，加深了全球范围内对多元文化的尊重和欣赏。同时，它也向设计师展示了一条可持续发展的道路——通过创新思维重新赋予传统手工艺新的生命力，既保护了非物质文化遗产，也为应对环境挑战提供了创意解决方案。

（四）数字化技术与传统服饰图案

1.传统图案的数字化保护与传承

数字化技术已经成为传统图案保护与传承中不可或缺的工具。使用高分辨率扫描和三维建模等方法，可以精确地记录下传统图案的细微之处，有效地保存这些不可多得的文化遗产。此外，互联网和虚拟博物馆等平台让世界各地的人们都能轻松地接触和学习这些传统艺术形式，从而提高公众对其重要性的认识。这种数字化的应用不仅保留了这些图案所承载的文化遗产的物理形态，还保存了与之相关的手工艺技能和背后的文化故事。因此，数字化技术在传统图案的保护和传承过程中起到了关键的作用。

2.传统图案的现代再创作与应用

随着现代设计软件和硬件的进步，传统图案的再创作和应用领域变得更加广泛。Adobe Creative Suite、3D打印技术、编程工具等，都为设计师提供了将传统图案融入现代产品设计中的可能，无论是时尚、室内装饰，还是用户界面设计等领域。这种跨时代的设计将传统与现代元素相结合，创造出既展示了对传统的尊重又符合现代审美需求的作品，显著增强了传统图案在当代的相关性和应用价值。

3.以动画与动效活化传统图案

通过动画和动效技术的应用，传统图案变得更加生动和引人入胜。这些技术不仅让图案超越了静态展示的界限，还通过故事讲述和交互设计加深了观众对传统文化内涵的理解和体验。这种技术的使用让传统图案更能吸引现代观众的注意，特别是年轻一代，从而增强了参与感和体验感。

4.前沿科技在传统图案创意中的应用

随着人工智能、增强现实、可穿戴技术等前沿科技的不断发展，传统图案的创意和应用将越来越依赖于这些先进技术。这些技术的应用不仅为传统图案设计提供了新的途径，也可能彻底改变人们与这些图案互动的方式，从而在全球文化中创造出全新的艺术形式和表现手法。这预示着传统图案的未来将充满无限的可能性，为全球文化的多样化和相互联系提供了强有力的支持。

数字化技术、动画和动效的结合不仅让传统图案在当代维持了其相关性，还预示着未来设计中的无限可能性。这种技术的融合不仅桥接了过去和现在，还打开了传统图案在未来应用的广阔天地。这代表了对传统价值的深度珍视，以及对未来潜力的积极探索。通过这种技术融合与创新，我们不只是在保护和传承。

四、实践程序

（一）课题解读

首先要全面理解项目的目标和要求，包括对传统服饰图案的学习、研究和创新应用，为什么要探索传统图案与现代设计的结合，以及这种探索对于文化传承和创新设计的意义。

（二）传统服饰图案与文化调研

访问博物馆或通过在线博物馆资源收集与传统服饰图案相关的资料。在这一过程中，读者需要注意图案的形状、颜色、材质、结构和文化象征意义等方面，力求全面深入地了解和记录所选图案的各个维度。此阶段的目的是让读者通过接触实物或高质量图像，对传统服饰图案有直观地感受和认识。而后，从形、色、质、构、语义五大方面进行资料的收集与整理（见图2-1-10）。

图2-1-10　羌族女套装关键图形元素调研　赵健彤（2024）

（三）传统服饰符号的提取与分析

资料收集完毕后，读者需要对收集到的信息进行整理和分析，提取关键的文化符号和设计元素。这一步骤是将观察和研究转化为设计可用资源的关键过程。通过对图案进行解构和分析，读者将选择出最具代表性和设计潜力的元素，以便在之后的设计实践中进行深入探索（见图2-1-11、图2-1-12）。

总体形态提取：

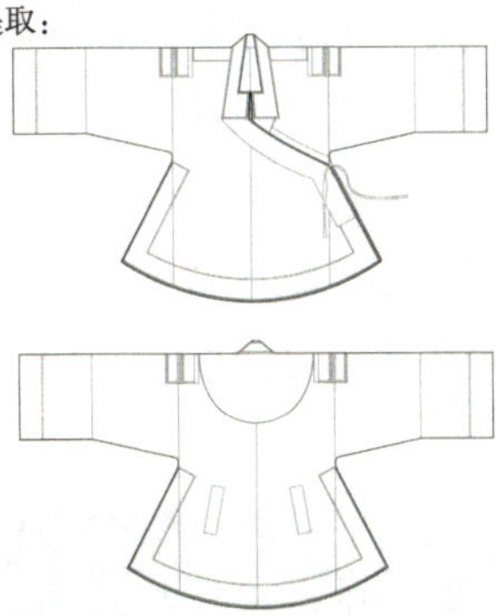

元素名称：窝妥纹

元素名称：寿桃纹

元素名称：石榴纹

元素名称：凤鸟纹

元素名称：蝙蝠纹

元素名称：蝴蝶纹

图2-1-11　苗族亮布蜡染刺绣方领斜襟女上衣图形提取与分析　黄舒婧（2024）

整体构成形式

六彩缎饰刺绣镶边百衲窄袖女袄的拼布部分纹样使用了菱形进行组合。马海腾在期刊论文《中国传统拼布的奇异之美》中推测古代人没有像现代人一样接触过西方美术基础，应当是以二维平面的角度进行设计和制作的。

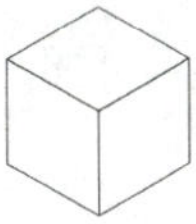

三维视角

由三个菱形通过边与边相对组成一个正方体。

最小单位图案为菱形

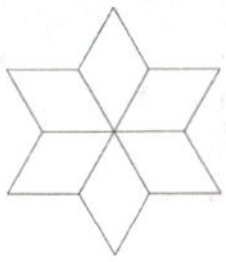

二维视角

由六个菱形从一个点出发以放射状排列组合成一个六角花瓣形。

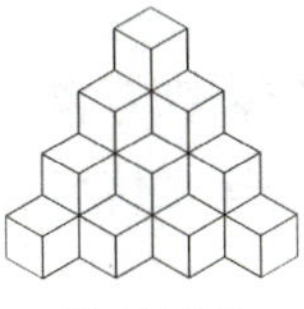

滚动的木块

西方人多会以立体的眼光去看排列如此密集的新图案，会觉得它是由众多的立方体不断堆叠在一起，仿佛错落有致的台阶，因此将它们称作“滚动的木块”。

平面连续图案

以二维视角分析该纹样也可形成具有无限的扩展性的平面连续图案。

图2-1-12　汉族六彩缎饰刺绣镶边百衲窄袖女袄的图形提取与分析　冯宇涵（2024）

（四）时代性元素及趋势调研

读者将关注当前设计和社会文化中的流行趋势，通过时尚杂志、趋势预测报告和相关网站来提炼出与其设计主题相关的时尚元素和表达方式。这一步要求读者将视野放宽到全球设计趋势，努力寻找和传统元素结合的创新点，为后续的设计实践定下现代化的框架和方向，并尝试进行现代元素提取（见图2-1-13）。

图2-1-13 时代性元素及趋势的视觉化表达 赵健彤（2024）

（五）草图发想

明确了传统图案及现代元素后，读者将进入创意发散阶段，通过手绘或数字工具制作初步草图。这个阶段鼓励读者大胆尝试、探索传统和现代元素的碰撞与融合，找到独特而有趣的设计表达形式（见图2-1-14）。

在设计创意的初期阶段，可以利用人工智能生成内容（AIGC）技术来生成图案，辅助设计工作。然而，选择与设计主题紧密契合的元素是至关重要的。确保元素的形态准确，并且与设计的整体定位精确对应，对于实现最终设计的成功至关重要。这不仅有助于保证设计的一致性和主题的连贯性，还确保了设计输出的高质量和目标的达成。

图2-1-14　基于苗族窝妥纹的创意图形设计草图　黄舒婧（2024）

（六）设计元素整合创新

通过反复试验和评估，读者将对初步草图进行深化和完善，转化为具体的设计方案。在这个阶段，设计应该逐渐清晰、系统化，同时保留创意的新颖性和文化的深度（见图2-1-15、图2-1-16）。

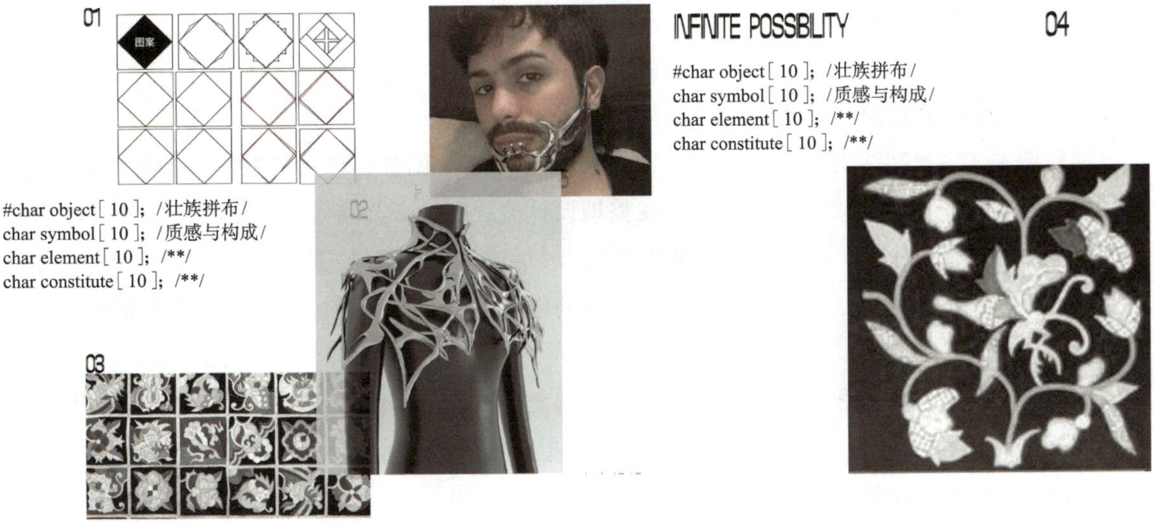

图2-1-15　壮族南丹地区的拼布贴布图案创新设计　徐晟源（2024）

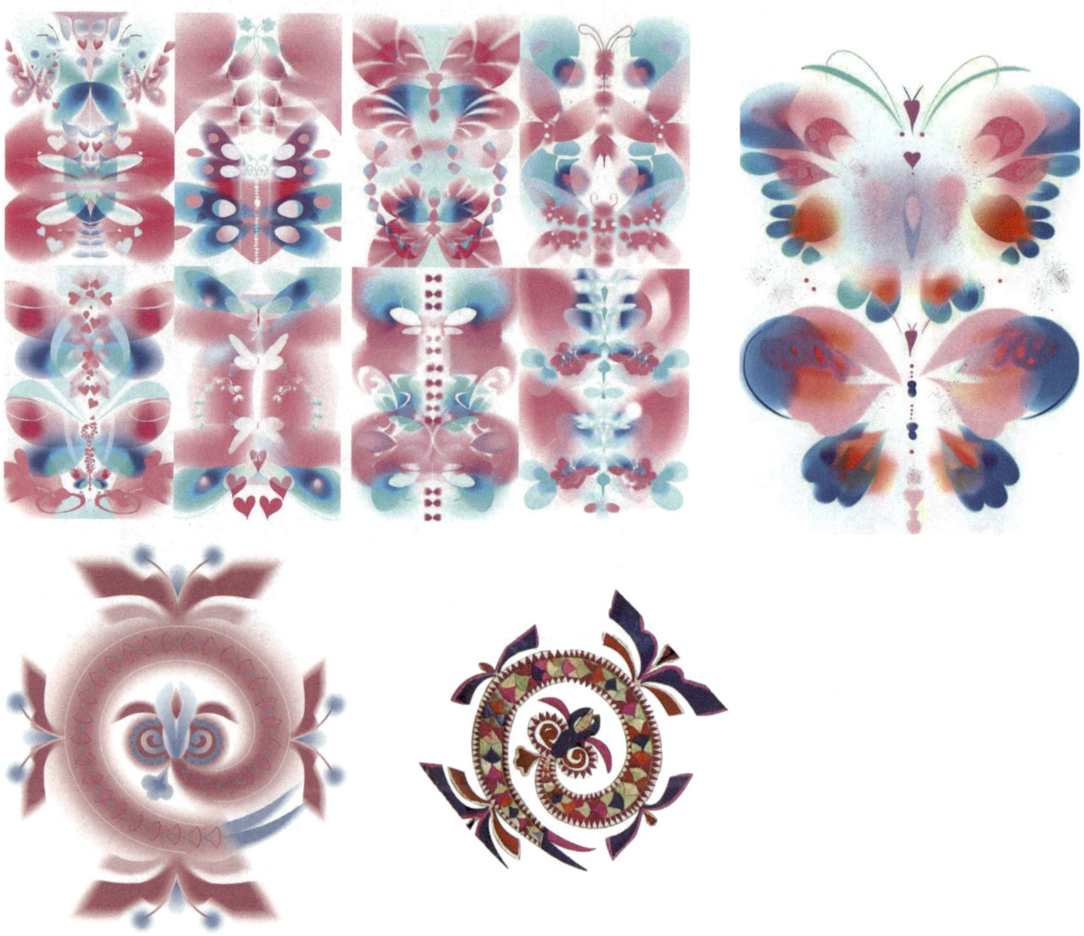

图2-1-16　基于传统观念蝴蝶图案的设计元素整合创新　李巧（2024）

（七）设计方案整理与展示

通过图文、视频或其他多媒体形式，展示设计过程中的创意，包括图案的选择与创新过程，设计思路的发展，以及最终作品的呈现。在整理设计流程时，务必将设计过程记录清晰。特别是在使用AIGC生成图片时，需要详细记录所给的指令和参考图片等关键命令，以确保后续能够再次生成类似风格的图片。这不仅有助于保留设计的创意灵感，还为设计过程的追溯和调整提供了便利。

通过这一完整的实践程序，读者能够从理论和实践的角度全面理解并掌握将传统服饰图案转化为现代设计元素的方法，同时推动个人设计技能的提升和创新能力的发展。

1.乌托邦蝴蝶：蝴蝶符号及语义在数字时代的创新应用

这个系列作品聚焦对蝴蝶图案的传统和现代语义的探讨。白子华对清代服饰中的蝴蝶图案从形、色、质、构四方面进行了深入研究，设计的落脚点聚焦传统的蝴蝶图案，一个象征美好生活愿望的文化符号。他巧妙地将这一传统元素与现代流行趋势结合，使用蝴蝶与植物的组合图案，将传统与现代融为一体（见图2-1-17、图2-1-18）。

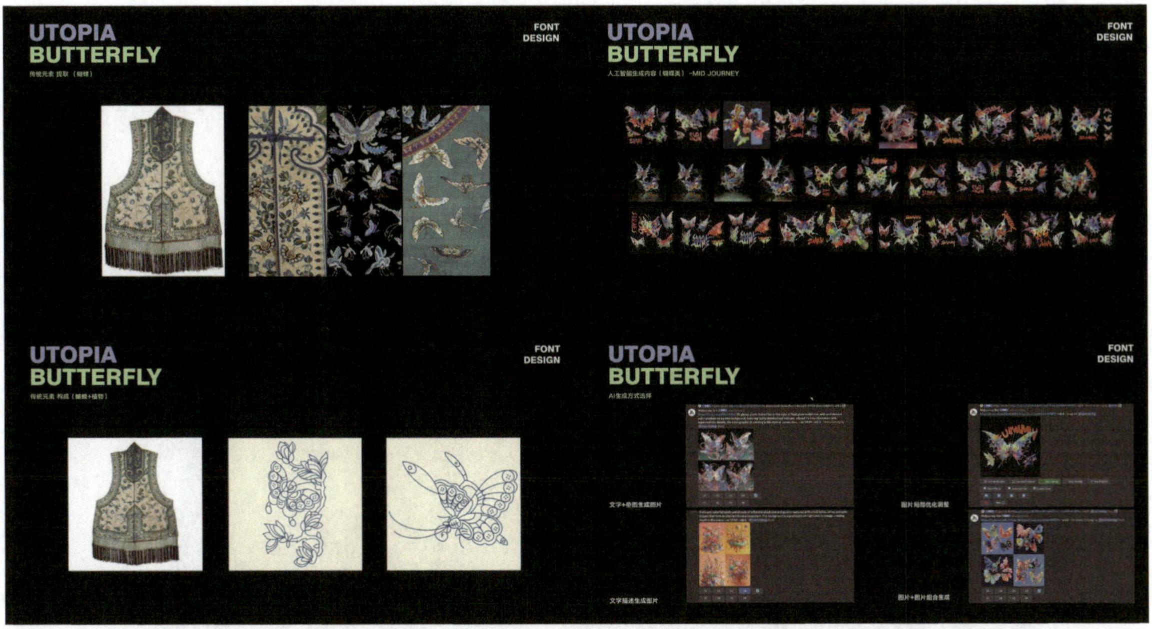

图2-1-17 “乌托邦蝴蝶” 白子华（2024）

图2-1-18 “乌托邦蝴蝶”的虚拟蝴蝶 白子华（2024）

随着AI技术和虚拟现实的发展，设计界对创新解决方案的需求不断增长。白子华利用数字化和虚拟现实技术，探索了一种独特的设计语言，将传统图案转化为具有现代感和技术感的视觉表现。通过技术的应用，他不仅探讨了科技对创造力的激发，还讨论了人工智能在设计过程中的作用。

在创作过程中，他使用AIGC工具的Midjourney软件，结合文化关键词和图像，快速产出大量“蝴蝶”设计元素。这些元素经过筛选和迭代，得以进一步发展和完善。后期他进行了方案的整合和调整，产出了一个既符合现代审美又兼具传统文化特色的设计方案。这个设计方案不仅可以在实体空间以二维形式呈现，还可以作为三维产品在虚拟世界中展示，展现了其广泛的应用潜力和可扩展性（见图2-1-19至图2-1-21）。

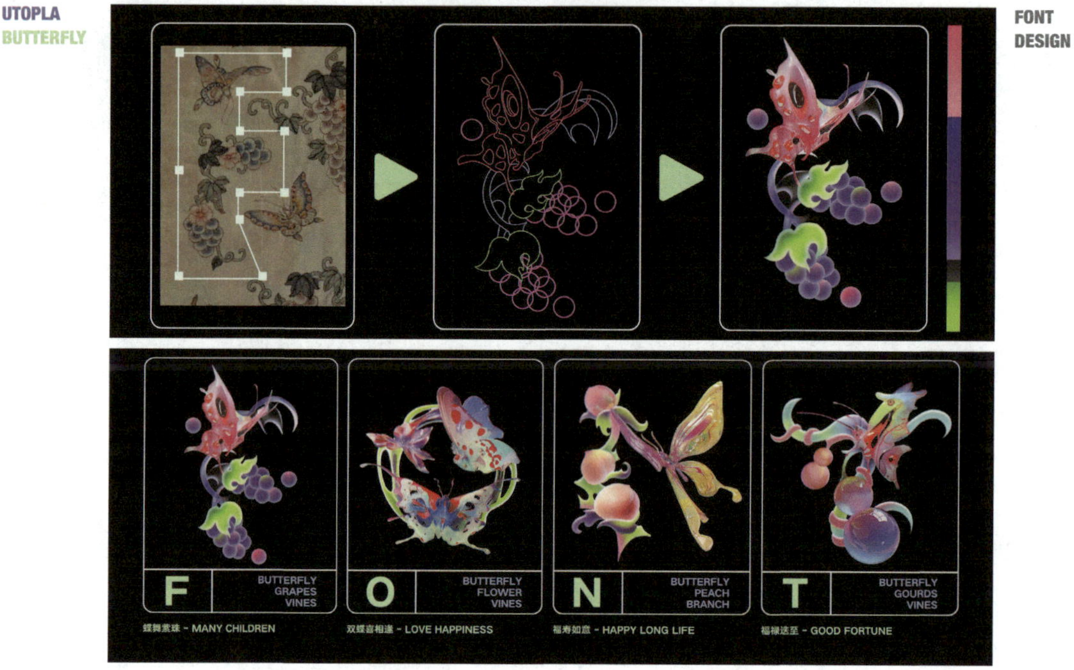

图2-1-19 “乌托邦蝴蝶”虚拟蝴蝶的字体设计 白子华（2024）

图2-1-20 “乌托邦蝴蝶”应用展示1 白子华（2024）

图2-1-21 “乌托邦蝴蝶”应用展示2 白子华（2024）

2.少数民族窝妥纹的多元维度探索

窝妥纹最早出现在新石器时期的彩陶上，是较早的纹样之一。课题研究的苗族亮布蜡染刺绣方领斜襟女上衣（见图2-1-22、图2-1-23），衣背肩部蜡染图案由12个独立窝妥纹、8个完整窝妥纹与4组两两组合构成，对应12个月份的生命循环周期。双袖主体各含两组圆形窝妥纹，当左右袖片拼接时方能显现完整构图；整体纹样系统中，螺旋纹按四组对称阵列分布，每组包含阴阳相对的双涡旋结构。每组两个圆形旋涡，一反一正，右为阴，左为阳。一阴一阳谓之道，苗族

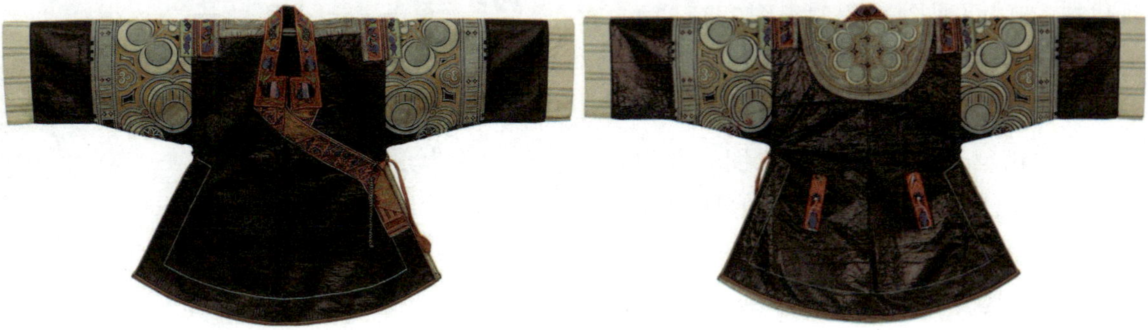

图2-1-22 苗族亮布蜡染刺绣方领斜襟女上衣 黄舒婧（2024）

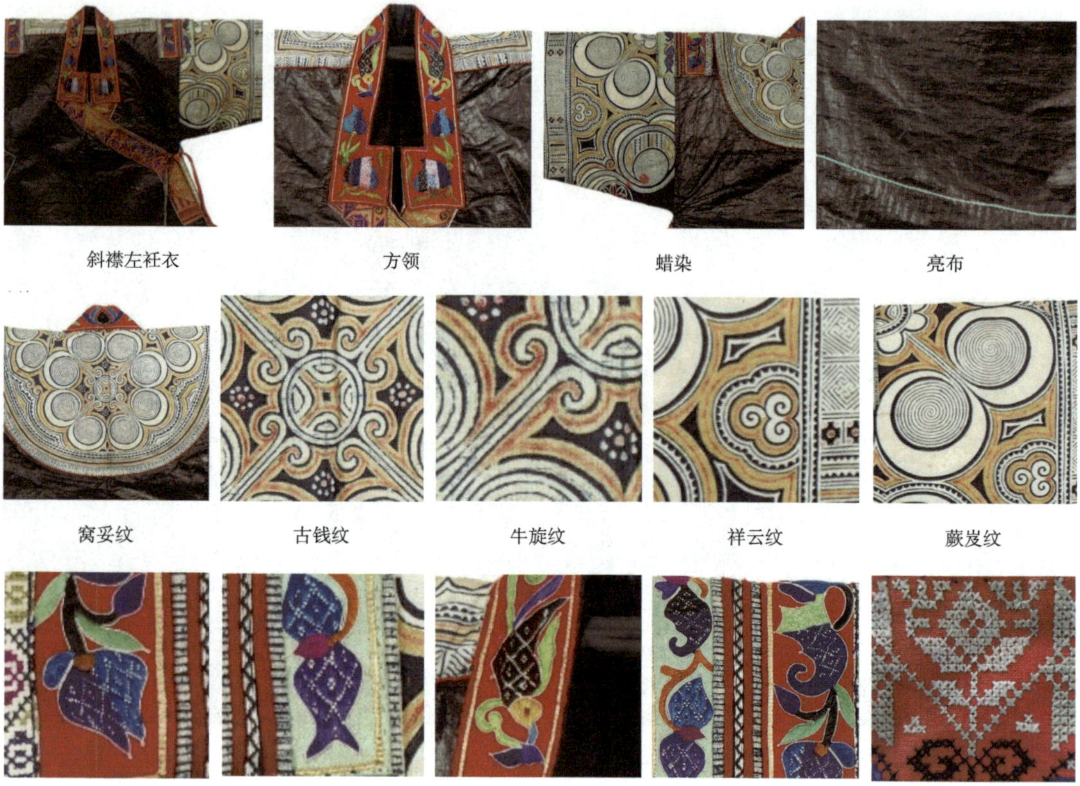

图2-1-23　苗族亮布蜡染刺绣方领斜襟女上衣图形分析　黄舒婧（2024）

传统文化中，阴阳结合的宇宙观既寄托着族群延续的集体愿景，又通过生命崇拜的符号系统实现哲学观念的具象化表达。将窝妥纹进行对称均衡、错觉空间和几何分割等变化，结合动态表现，进行窝妥纹的多元探索，使其更具有现代的表现力（见图2-1-24至图2-1-27）。

3.黎族服饰图案的野化再生（鸟纹、花纹、龙纹、蛙纹）

从海南润黎双面绣贯头衣图案（见图2-1-28）出发，这一系列设计的灵感源自大自然，强调了野生的感觉、原始的风貌以及创新的理念。其核心思想简洁明了——我们从大自然中汲取灵感和资源，并以一种不损害自然

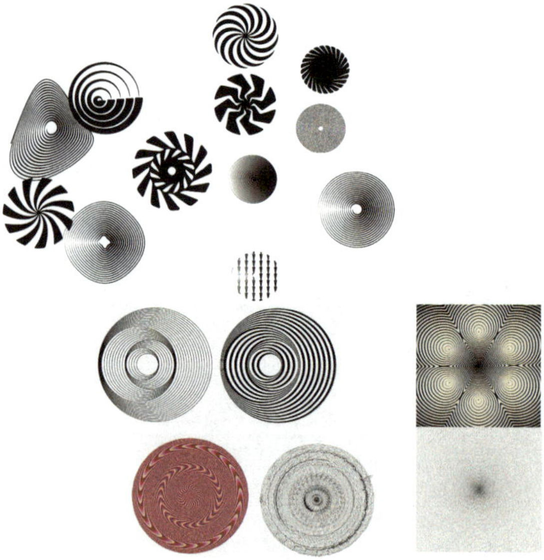

图2-1-24　窝妥纹的变化处理　黄舒婧（2024）

图2–1–25　窝妥纹的创新设计应用1　黄舒婧（2024）

图2–1–26　窝妥纹的创新设计应用2　黄舒婧（2024）

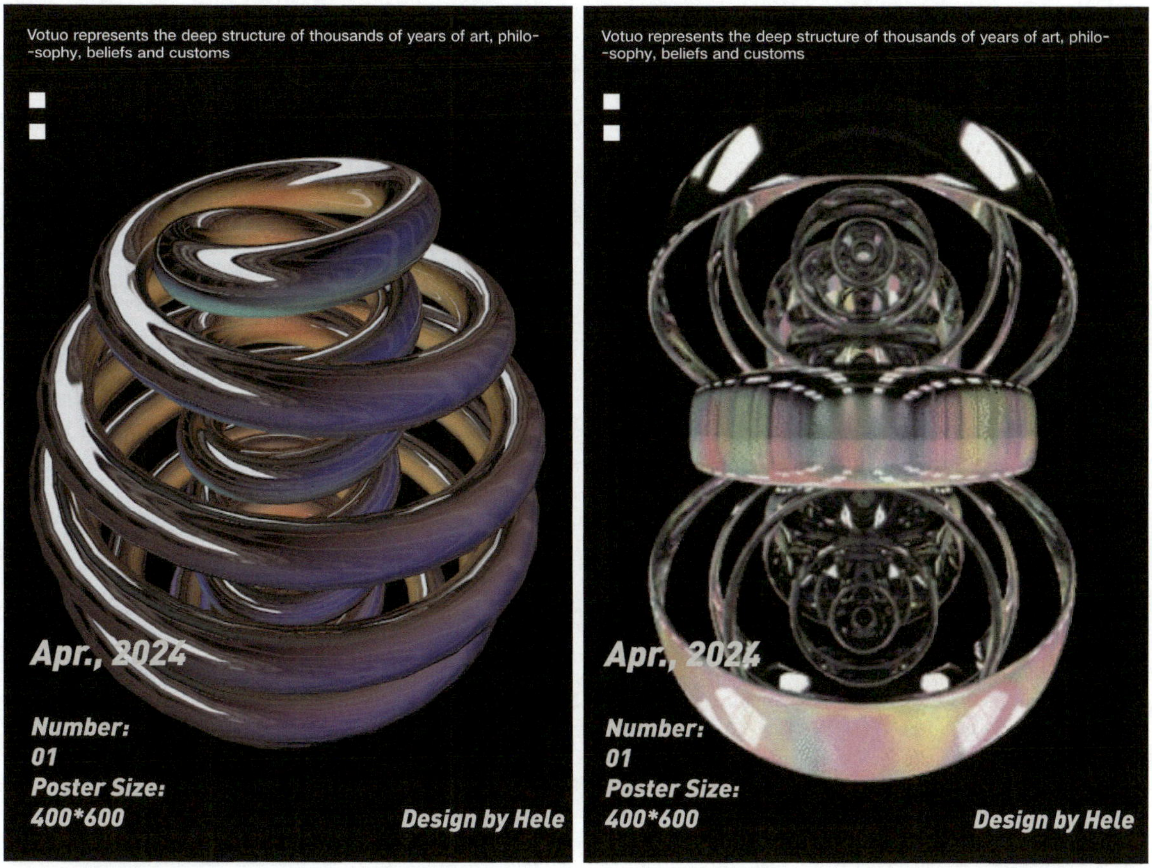

图2–1–27　窝妥纹的创新设计应用3　黄舒婧（2024）

图2-1-28　中国海南润黎双面绣贯头衣图案分析　庄昊云（2024）

的方式加以利用，真正实现可持续发展。设计中包含的各种图案，如蛙、鸟、龙和花，不仅仅是美观的装饰，而且每个图案都承载着特殊的意义。蛙象征着兴旺，鸟儿预示着丰收，龙寓意着风调雨顺，而花则代表人民对美好生活的向往（见图2-1-29、图2-1-30）。因此，这一系列设计不仅带来视觉上的享受，更蕴含着对自然界的敬畏和对生活美好的深切向往。

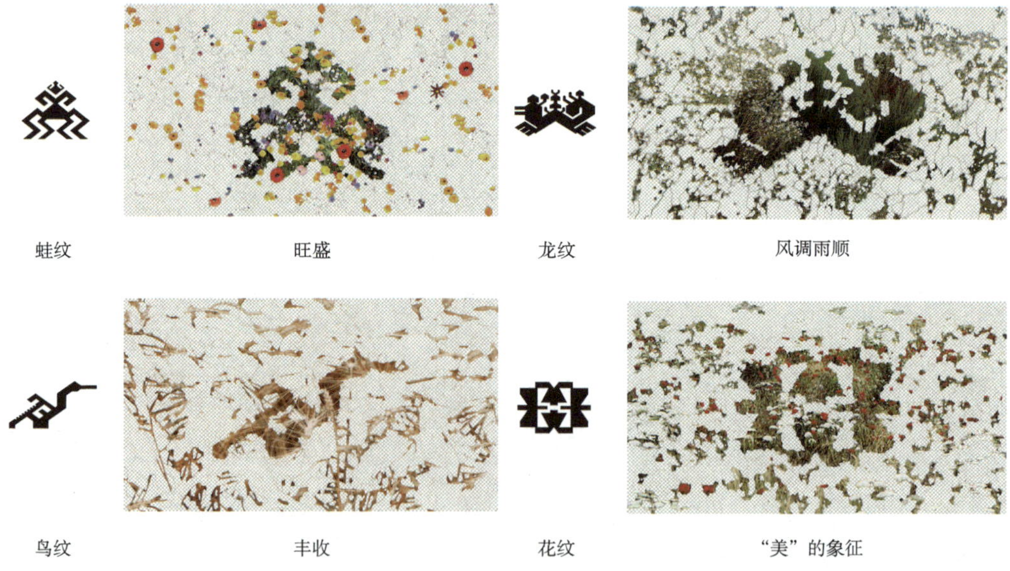

图2-1-29　蛙纹、鸟纹、龙纹、花纹的创新设计1　庄昊云（2024）

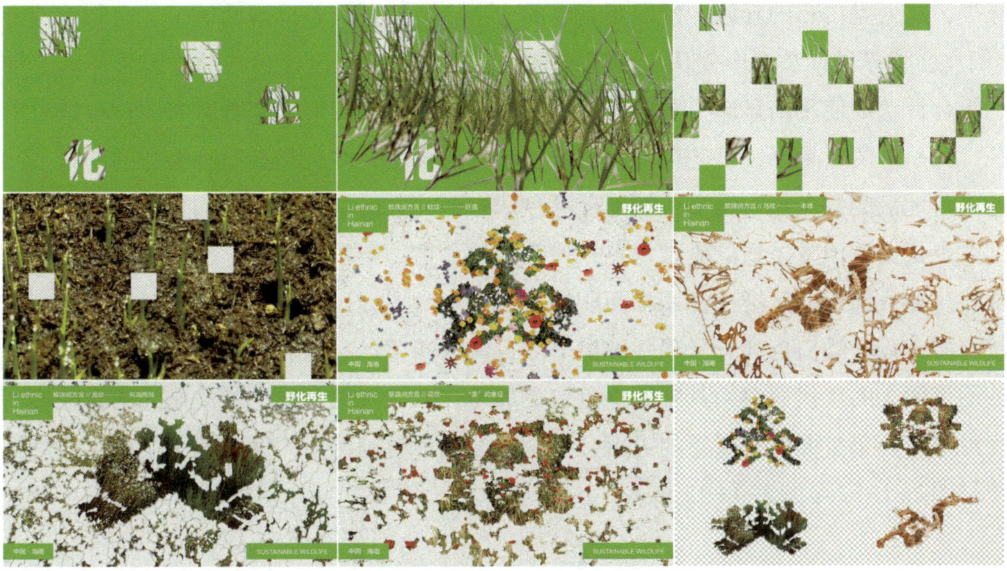

图2-1-30　蛙纹、鸟纹、龙纹、花纹的创新设计2　庄昊云（2024）

4.壮族花卉的未来畅想

徐晟源采集北京服装学院民族博物馆藏：1920年产于广西河池市南丹县六寨镇“壮族拼布贴布被面”（见图2-1-31）。广西南丹、天峨，贵州独山、平塘一带的布依族、壮族、毛南族同属于“水图腾文化”。这一带居民对布料倍感珍惜，将剩余的边角布料与用坏的衣裙被子拼接起

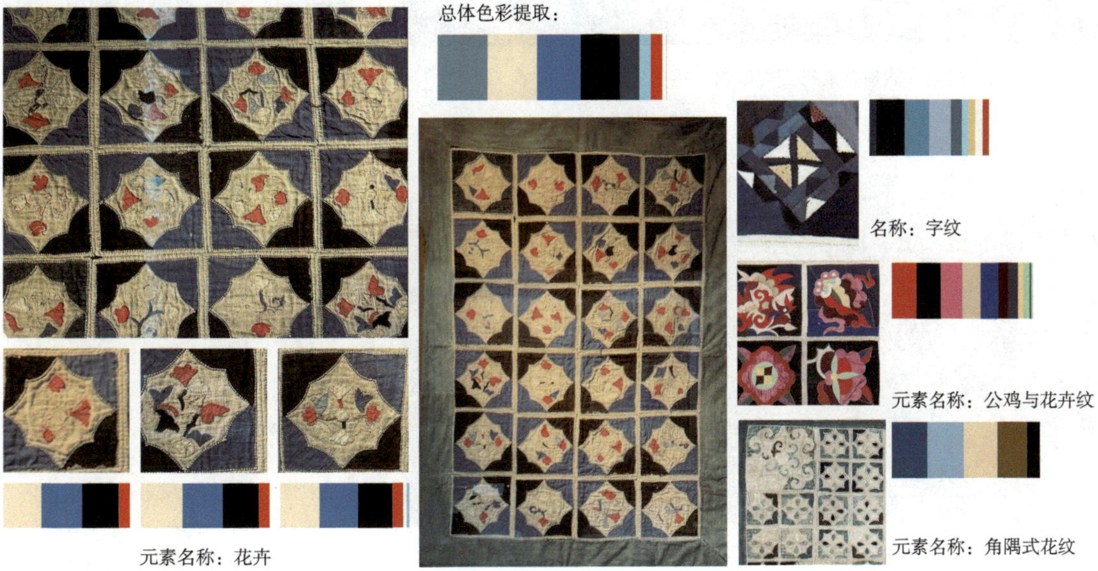

图2-1-31　壮族南丹地区的拼布贴布绣分析　徐晟源（2024）

来使其重生，这便是拼布的起源，她们用简单的十字纹、三角形做成被面被子。在制作传统拼布时,壮族妇女会将多种针法组合使用，由于拼布的抽象、概括性设计，在针法组合使用上较为复杂多变，组合针法的使用凸显出了制作者的独具匠心，从拼布的形式来看又有一种稚拙、简朴的风格特征，其呈现的效果不仅工艺精巧，融合了丰富的技法，并且具有质朴大方的韵味。

壮族南丹地区的拼布贴布绣配色都以蓝黑色居多，一方面是由于壮族部分地区对于黑色非常尊崇，同时也是由于地方植物的生长特点致使蓝色黑色植物染较易实现。在拼布中也不仅仅是使用蓝染面料，在大面积的蓝染中使用小面积的黄与红作为点缀，精致美观，同时由于棉麻的编织使得传统的拼布面料的白色部分呈现一种更自然古朴的淡黄色。随着时代发展，近代以来的许多拼布多使用市面上的现代面料，其中的白色也更加纯粹。在汉文化与壮族文化的结合中，不仅带给壮族南丹拼布贴布被面图案以新的灵感，在用色上也不再拘泥于大面积的黑与蓝，用色更加艳丽大胆（见图2-1-32至图2-1-35）。

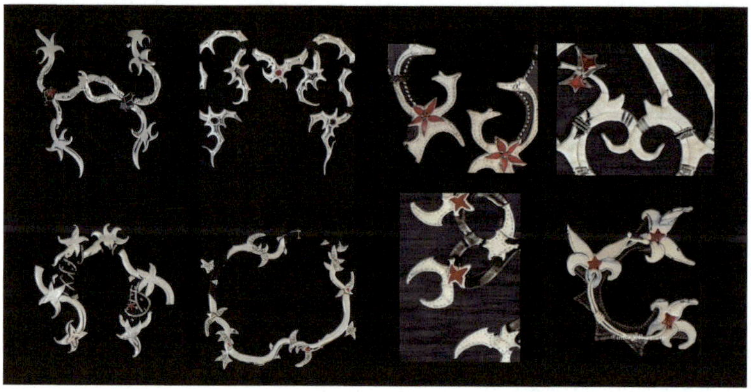

图2-1-32　壮族南丹地区的拼布贴布变化实验　徐晟源（2024）

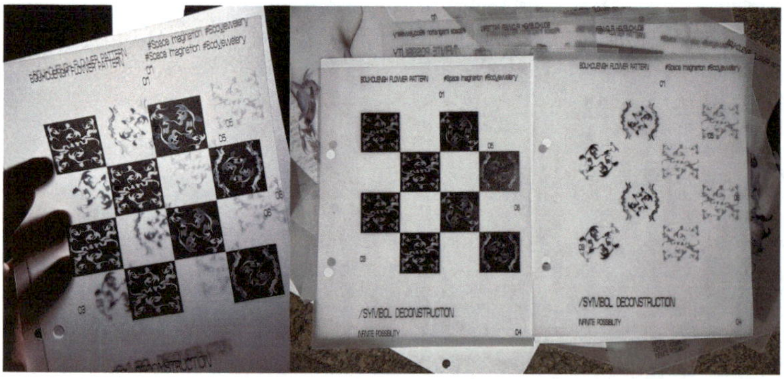

图2-1-33　壮族南丹地区的拼布贴布图案创新设计1　徐晟源（2024）

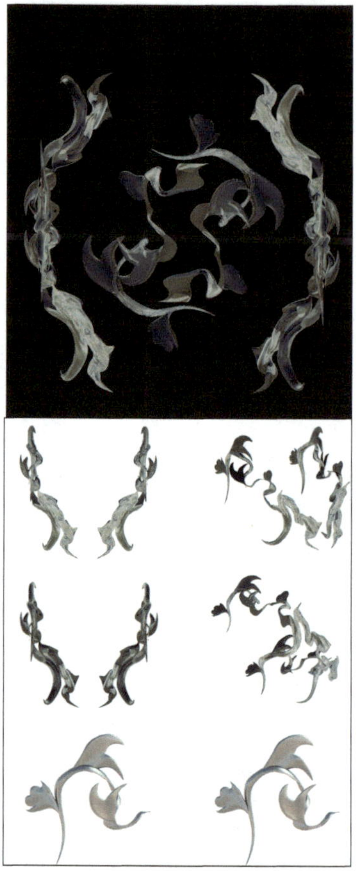

图2-1-34　壮族南丹地区的拼布贴布图案设计转化实验　徐晟源（2024）

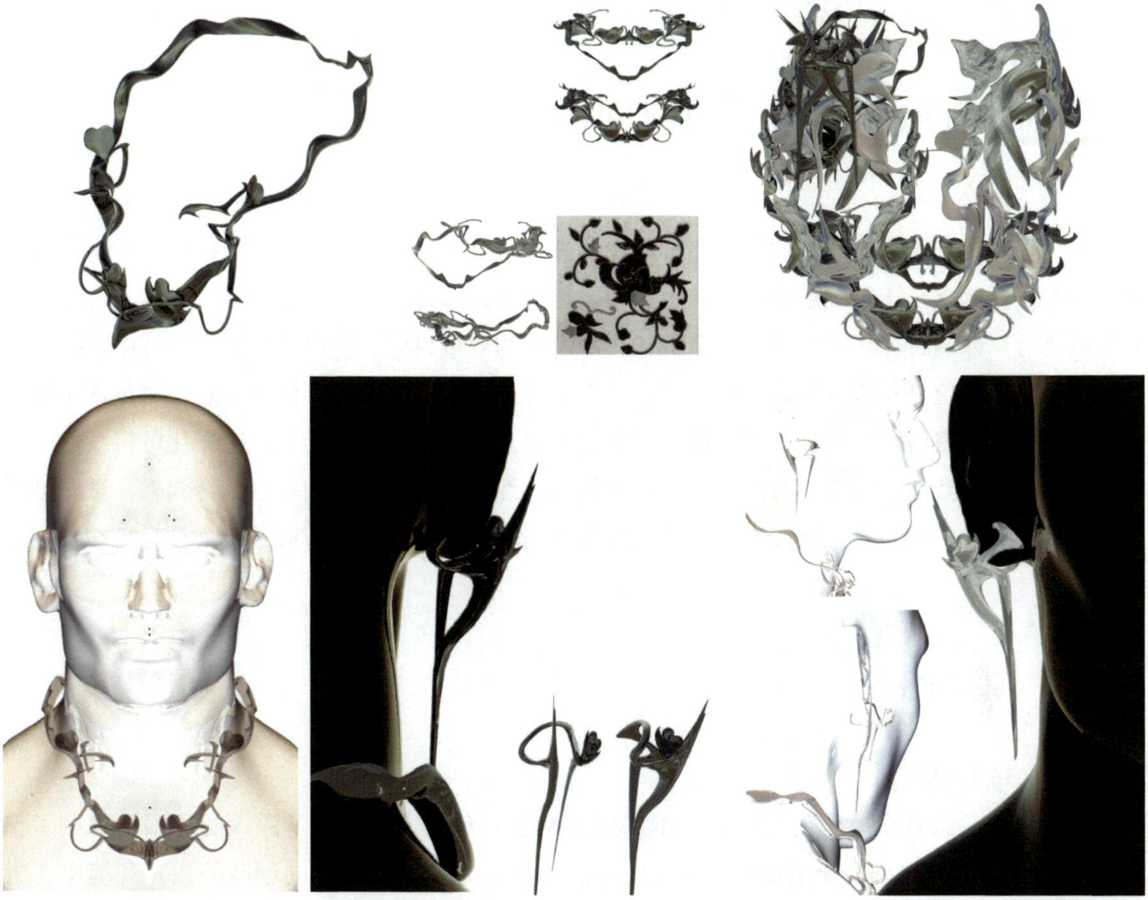

图2-1-35　壮族南丹地区的拼布贴布图案创新设计2　徐晟源（2024）

思考题

1. 评估在设计中保留与创新元素对文化传承的影响，并思考如何有效平衡传统与现代需求。

2. 选取一个传统图案（如云纹），分析其在形、色、质、构和语义方面的特点及其文化意义，并将此图案进行现代化应用于不同的时尚设计领域。

第二节　传统服饰材料与时尚设计

本课程将传统服饰材料与现代数字时尚设计进行融合，强调在数字时代保护服饰材料非物质文化遗产。课题立足于传统鱼皮材料的历史和文化意义，通过现代数字设计技术探索其应用和创新发展潜力。课题目标在于实现文化保护和技术进步的双重目标，强调了在时尚设计中拥抱数字化的同时保留传统材料叙事的重要性。课题设立的意义在于推广可持续设计理念，通过数字仿真最大限度地减少浪费，并促进全球对设计资源的获取，并进一步更广泛地讨论文化可持续性、技术整合和教育丰富性等问题。将传统服饰材料的工艺性与数字时尚的创新性结合起来，试图创造一种具有前瞻性的时尚教育新方法，在尊重过去的同时，也为该行业打造了一个具有潜在发展趋势的未来。

一、项目概况

（一）项目内容

在时尚高等教育全球化的背景下，本课题对赫哲族鱼皮文化进行了深入的探索，强调了保护鱼皮文化和开发创新设计途径的必要性。读者将沉浸在跨学科、共同创造的教育环境中，批判性地审视赫哲族鱼皮工艺品的历史意义和复杂的制作工艺。课题旨在将时尚设计原理与文化保护和数字技术相结合，培养读者对主题的全面理解。课程促进数字创新的实际应用，鼓励学生开发鱼皮在时尚设计中的新用途，同时考虑可持续发展的做法。最终目标是让读者掌握相关知识和技能，为赫哲族鱼皮文化的保护和设计创新作出贡献，确保其在当代设计领域的相关性和延续性。

（二）训练目的

了解传统服饰材料：读者将深入探索基于赫哲鱼皮的传统服饰材料的特性和应用，通过研究鱼皮的历史背景、独特质地、鞣制方式、耐久性和文化意义，深入了解鱼皮在传统服饰中的作用以及在当代时尚中的潜力。

熟练掌握服饰材料的数字仿真设计技术：引导读者掌握高级数字设计技能，特别是模拟织物的技能。掌握有助于创建和操作数字织物设计的软件和工具，能够在虚拟环境中准确地表现传统材料。

传统与现代的融合：读者将学会利用数字工具将传统材料与现代时尚设计相结合。将赫哲族鱼皮等材料的丰富触感与最前沿的设计方法相融合来促进创新，最终创造出现代时尚产品，体现出对传统的尊重和对未来时尚的推动。

（三）重点和难点

1.重点

（1）传统鱼皮服饰材料的历史和文化意义。通过全面介绍赫哲族鱼皮等传统材料的历史和文化背景，了解影响材料使用的社会文化因素及其在本土环境中的意义。

（2）掌握服饰材料数字仿真设计工具。课题强调掌握数字设计软件专业知识的重要性，需要读者掌握如何使用数字仿真工具制作出细致逼真的传统纺织品。

2.难点

（1）服饰材料物理与虚拟部分内容的衔接与实践。课题的主要挑战是让读者能够将传统材料的触觉特质转化为数字仿真设计。这就要求读者对材料的物理特性有细致入微地了解，并能使用数字工具准确复制这些特性。

（2）传统服饰材料的创新应用。将传统材料创新性地应用于现代服装设计具有一定的挑战性，因为这不仅涉及创造性的设计过程，还涉及对当代市场趋势的了解，以及预见现代时尚背景下潜在应用的能力。

（四）作业要求

1.基于传统物理鱼皮材料制作数字仿真材料，并呈现较为初级的相关产品设计，要求数字材料的外观和特性与传统的鱼皮材料最大程度接近。

2.以小组为单位，从物理设计和虚拟设计中任选一种，以鱼皮材料为核心元素，完成综合设计创作项目，进而培养读者的协作能力，鼓励读者创造性地解决问题，最终制作出创新性地融入鱼皮材料的实物或虚拟原型设计中。

二、传统服饰材料数字化仿真与设计研究案例

（一）VMOD 3D数字服饰材料仿真库

自2019年成立仿真库以来，VMOD通过主动扫描织物，从而完善其数字管道，实现了显著的速度、可扩展性、准确性和成本效益，为数字织物行业带来了革命性的变化。VMOD能够捕捉到复杂织物类型的多种细节并将其数字化。VMOD是世界上最大的数字织物库之一，拥有来自韩国和全球供应商的近6000种不同织物，并且每种织物的采集都符合面向未来的标准（见图

2-2-1）。这些标准不仅包括设计和开发所需的美学和性能属性，而且能满足数字广告和虚拟时尚等新兴领域的需求。VMOD 3D 库与领先的数字产品创作（DPC）解决方案和板材建模软件（如 CLO3D 和 Style3D）兼容，可实现从数字可视化到实物采购的无缝过渡。这种集成有利于从数字到实体的快速转换，确保 VMOD 库中的每个数字构建的孪生体都包含精确服装级模拟所需的所有物理属性（见图2-2-2）。VMOD 的创新方法具备符合可持续发展需求的社会价值，通过精确的数字取样减少了浪费，并提高了时装设计和生产过程的效率。

图2-2-1　VMOD 3D数字服饰材料仿真库　SWATCHON（2024）

图2-2-2　AI生成数字服饰材料VMOD 3D　Library（2024）

（二）数字皮革材料仿真设计研究

该案例研究深入探讨了时尚行业数字化转型的典范，特别聚焦于设计师如何采纳和应用3D仿真技术。研究背景凸显了时尚设计领域向数字化工具转变的趋势，旨在揭示这些创新手段如何为设计流程注入新的活力。其主要目标聚焦于解析设计师在采纳新技术过程中获得的好处与挑战，包括设计可视化的改进、工作效率的提升以及对新技能的迫切需求。案例研究的核心内容围绕设计师的实践经验展开，详细剖析了3D仿真技术如何帮助设计师做出更明智的决策，并显著减少了对物理原型的依赖。这种技术整合不仅带来了显著的社会影响，更通过最小化资源浪费、使小型设计实体能力得到普及以及激发整个行业的创新活力，为时尚产业的可持续发展注入了强大动力，逐步构建出一个更为道德和环保的时尚生态（见图2-2-3）。

图2-2-3　皮夹仿真设计模拟　哈利勒·卡巴基比（Khalil Kabakibi）、琳达·埃里克森（Linda Eriksson）（2023）

图2-2-4　阿伊努长袍复制品　艾莉莎·帕洛米诺（Elisa Palomino）、瓦娜·贝利尼（Vanna Bellini）、石井隆树（Takayuki Ishii）（2021）

（三）数字鱼皮材料仿真设计研究

艾莉莎·帕洛米诺（Elisa Palomino）等人进行了一项创新性的案例研究，旨在探索将传统阿伊努鱼皮长袍和日本和服图案融入现代时尚行业的新途径。该案例通过运用数字技术，成功地将鱼皮纹理和图案进行数字化处理，使之适应并融入当代时尚设计。研究团队深入研究了阿伊努鱼皮传统的历史背景，并探讨了这些传统工艺与当代数字制造技术相结合的可能性。他们利用数字工具模拟和重建了鱼皮织物和图案，成功弥合了历史工艺与现代设计实践之间的差距。这一创新不仅保护了珍贵的文化遗产，还为时尚行业提供了一种可持续的材料使用方式，减少了资源浪费。基于以上案例研究，设计师以环保的方式将传统工艺与现代技术相结合，为时尚设计注入了新的活力（见图2-2-4至图2-2-7）。

三、知识点

（一）实体服饰材料

实体服饰材料是传统时尚设计和生产制造的重要基础。对这些材料的选择和处理不仅极大地影响了实体服装的触感质量、视觉吸引力和功能性，而且在确定设计师的艺术构想和服装服饰的最终可穿性方面也起着至关重要的作用。以下为各类实物服饰材料主要类别和特点的知识点介绍。

1.天然纤维：天然纤维直接来源于植物、动物或矿物，具有多种质地，从羊毛的柔软温暖、丝绸的奢华光泽，到棉花的凉爽舒适和亚麻的质朴魅力，应有尽有。每种纤维都有自己

图2-2-5　阿伊努长袍在CLO3D中重现　艾莉莎·帕洛米诺（Elisa Palomino）、安娜·科尔多瓦—克雷斯波（Ana Cordoba Crespo）（2024）

图2-2-6　在Blender中为头像试穿长袍的过程　安娜·科尔多瓦—克雷斯波（Ana Cordoba Crespo）（2024）

图2-2-7　阿伊努长袍最终3D效果图　安娜·科尔多瓦—克雷斯波（Ana Cordoba Crespo）（2024）

的特性，如透气性、耐用性和吸湿排汗功能，因此适合不同的服装需求和环境条件。

2.合成纤维：合成纤维（如聚酯、尼龙和丙烯酸）通过化学工艺制成，为设计师提供了高强度、高弹性、抗收缩和抗皱的特性。这些纤维可以设计成各种质地，从超柔的超细纤维到坚固的耐磨表面，为时尚设计提供了多功能性。

3.混纺面料：混纺面料将不同类型的纤维结合在一起，旨在利用每种成分的最佳品质。例如，棉－涤混纺可提供棉的舒适性和透气性，以及涤纶的耐用性和抗皱性。混纺面料在功能性、舒适性和护理要求之间实现了平衡，因此尤其受到重视。

4.纺织品表面设计：除纤维的内在品质外，纺织品的表面设计在服装服饰材料的美学和功能性方面也起着举足轻重的作用。染色、印花、压花和刺绣等技术可为织物增添色彩、图案、纹理和立体感，增强织物的吸引力，为设计师提供无限的创意可能性。

5.创新和智能材料：时尚领域正越来越多地采用可随环境条件或穿着者的互动而变化的材料。这些材料包括根据温度调节绝缘性能的相变材料、随热量或光线照射而变色的面料，以及嵌入电子传感器和电路的纺织品，用于制作互动式和响应式服装。

6.梭织面料：由两组纱线以直角交错而成。梭织面料以结构紧密、形态稳定而著称，是量身定制服装的理想面料。常见的例子包括牛仔布、斜纹布和绸缎。

7.针织面料：将纱线环环相扣而制成，具有天然的伸缩性和柔韧性。针织织物广泛用于T

恤、毛衣和运动服等。

8.皮革材料：取自动物皮毛，因其耐用性和独特的质地而备受青睐，是用途广泛的材料，可用于制作高档服装服饰产品，包括夹克、鞋子和配饰。

9.无纺布：将纤维黏合或刺绣在一起制成。通常用于过滤等特定功能，但也可用于衬布和毡帽等时尚产品。

（二）数字服饰材料

数字服饰材料是构成数字/虚拟时尚设计领域的基本元素。理解并有效应用纹理贴图、法线贴图、透明度贴图和金属度贴图，不仅可以显著增强数字织物的真实感、审美吸引力和功能性，还可以扩展设计师的创作可能性。以下为各类贴图的简要知识点介绍。

1.纹理贴图：主要指织物的视觉表面特征，如带有数码印花、点状或格纹状的面料，高质量的纹理贴图可以使数字服饰材料在短时间内显得更加逼真和吸引人。

2.法线贴图：主要用于模拟表面纹理的复杂性，对于创建详细且逼真的数字表皮至关重要。通过光与材料的相互作用，在平坦的表面上产生深度和细节的错觉，对于具有一定肌理感的梭织、针织等织物非常有用。

3.光滑度贴图：通过影响织物反射光线的方式来控制织物的光泽或哑光程度。光滑度值越高，表面越闪亮、反光性更强，主要用于突出绸缎或皮革等材料。相反，较低的光滑度值将使织物更加暗淡、更加哑光，适合棉或亚麻。

4.透明度贴图：主要用于创建透明或半透明的材料，如蕾丝或雪纺。主要用于增加服装的层次感和深度以及实现某些美学效果（如飘逸感、轻盈感）。

5.金属度贴图：主要指材料模仿金属外观的能力，包括其反射率和颜色。将金属效果融入数字服饰材料的设计中可以为设计增添奢华或未来主义元素。

四、实践程序

（一）课题解读

本课题致力于推进我国赫哲族非遗鱼皮文化的保护和传承发展，结合社会学、历史学、设计学等多学科背景属性，整合国内外、校内外师资资源，研究赫哲族鱼皮、全球鱼皮文化、传统文化的现代化转换及时尚可持续设计。课题教育教学设计包含三个环节：以实为主的赫哲族鱼皮制作和文化体验环节，以触感激发读者对鱼皮材料的直观认识，建立心手实践的基础；以虚为主的传统文化数字化创新思维拓展，借助数字技术和思维突破对传统文化的固有认知；虚实结合的基于赫哲族鱼皮文化的数字化保护与设计创新实践，综合评价读者对鱼皮文化的全局认识、对学科边界的理解、传统文化的创新转化能力等。以上三个环节看似彼此独立，实则互为补充，以虚实相生的教育教学设计理念贯穿于课程始终（图2-2-8）。

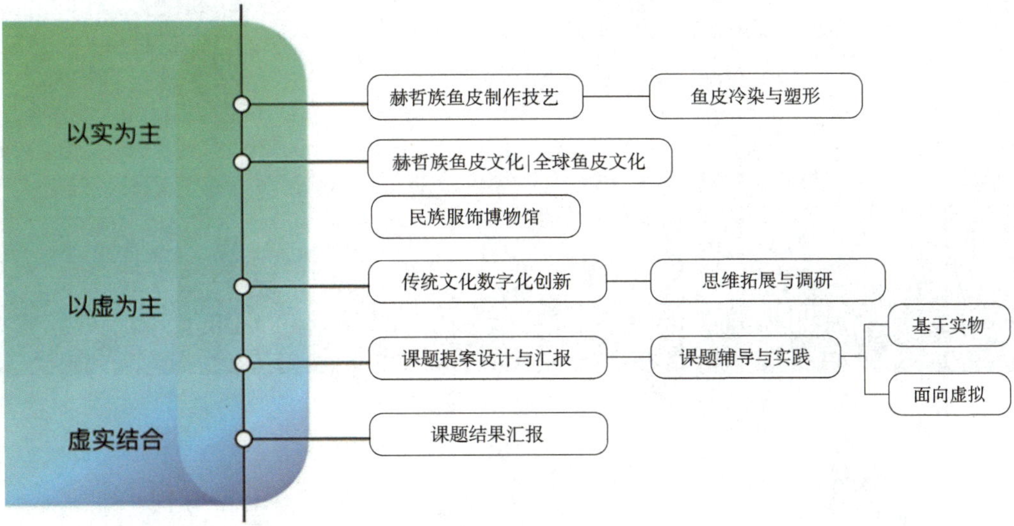

图2-2-8　课题教育教学结构设计图　魏勤文（2022）

（二）实体鱼皮材料调研与制作实践

鱼皮文化具备很强的民族性和世界性特征。纵观历史发展轨迹，鱼皮文化在斯堪的纳维亚半岛、美国（阿拉斯加）、日本（北海道）、俄罗斯（西伯利亚）等多个国家和地区均有相关考证，而最早的遗迹则发现于中国东北赫哲族，距今已有上千年的历史。由于工具、工艺、文化等因素的不同，各民族表现出来的对于鱼皮文化的理解、鱼皮材料的加工技艺、鱼皮产品的设计和应用均有不同。2006年，赫哲族鱼皮制作技艺经国务院批准列入第一批国家级非物质文化遗产名录，编号Ⅷ-85，本课题主要延续了中国赫哲族的鱼皮制作工艺流程，将部分环节删减后保留以下主要制作过程（见图2-2-9）。

1.鱼皮清洁：彻底清洁皮肤，去除肉、脂肪和任何残留的鳞片。此步骤对于防止腐烂和确保晒黑的干净基础至关重要。

2.鱼皮染色：使用天然或合成染料来获得所需的颜色或图案，注意不要损害材料的完整性。

3.鱼皮鞣制：使用玉米面粉和带齿的木铡工具，吸收鱼皮多余油脂，通过反复滚压达到柔软化的效果。

（三）数字鱼皮服饰材料仿真实践

1.物理服饰材料扫描：使用高分辨率扫描仪扫描物理织物，确保织物光线充足且平整，以捕

图2-2-9　鱼皮材料制作、染色与改造实践　北京服装学院师生（2022）

捉准确的颜色和纹理细节。如条件有限情况下可使用高清手机或相机从顶视角度进行拍摄。

2. 图像编辑：将扫描或拍摄的图像导入图像编辑软件。调整色彩平衡、对比度和亮度，以尽可能接近真实的面料。通过消除任何阴影或皱纹来创建无缝纹理。

3. 创建贴图：从编辑的图像生成必要的纹理贴图（见图2-2-10）。主要包括纹理贴图（颜色纹理）、法线贴图（用于深度和细节）、光滑度或粗糙度贴图（用于光泽和反射）以及透明度贴图（用于透明效果）。

图2-2-10　数字鱼皮材料仿真贴图细节　陶琳（2022）

4. 导入版片建模软件：打开版片建模软件（如CLO3D或Style3D）并导入纹理贴图。将各类别贴图应用到3D模型中，使其与光线和形状发生相互作用。

5. 材料属性调整：调整版片建模软件中的材料属性以匹配物理织物的实际状态。主要包括光滑度（对于丝绸）、半透明度（对于透明材料）和厚度（对于较重的织物）的参数值。

6. 物理属性设置：输入材料的物理属性，如弹力、弯曲度、密度等，来模拟织物在现实生活中的表现，包括悬垂性和重量。

7. 模拟和测试：在版片建模软件中运行模拟以查看织物在运动中的行为方式，以确保数字孪生的行为尽可能接近真实织物（见图2-2-11至图2-2-14）。

图2-2-11　皖鱼鱼皮实物与法线贴图　北京服装学院师生（2023）

图2-2-12　皖鱼鱼皮数字化面料　北京服装学院师生（2023）

图2-2-13　大马哈鱼、三文鱼、鳟鱼鱼皮数字化仿真　北京服装学院师生（2023）

图2-2-14　数字鱼皮材料与服饰产品设计实践　北京服装学院师生（2023）

（四）AIGC辅助设计构思与创意实践

在数字服装材料设计中利用人工智能技术，可以创造出物理环境中可能不存在的创新和新颖材料，可以探索时尚行业更加创意的新领域，同时解决可持续性和效率等实际问题。

1. 了解材料设计中生成式人工智能的基础知识。通过生成式人工智能简介，了解生成式人工智能模型的分类和种类。通过探索工具和平台，熟悉特定的生成式人工智能工具，如 Midjourney 和 Playground 等。

2. 制定有效的提示词。明确定义想要通过材料设计实现的目标，可从现有面料、时尚趋势、艺术和自然中收集灵感，构建详细的提示，包括纹理、颜色、图案以及任何特定设计元素的描述符。

3. 生成和完善设计。为了得到最符合设计师目标和审美偏好的设计，首先需要将精心构思的提示词输入Midjourney或Playground中，以完成初始生成阶段。接下来，细致地分析生成的初步结果，判断其是否符合最初的设计愿景。若初始输出与设计愿景有所偏差，可利用反馈循环机制，根据初始迭代的效果对提示词进行调整和优化。在此过程中，可以添加更多细节，调整特定术语，或指定其他设计约束，以确保最终输出更加精准地符合设计预期。经过多次迭代和精细调整，从众多设计选项中挑选出最符合需求和审美的作为最终的设计成果。

（五）设计方案整理与展示

本课题实践以若干子课题形式推进，读者可根据兴趣和需求自行组建团队，确定各自的研究课题。“数字化”是可选择的工具、技术和呈现形式，课程鼓励读者自主思考，跨越专业边界寻求设计创新。通过对实际实践教学过程观察可发现，对鞋品和箱包感兴趣的读者在皮革染料的种类及染色技法上为团队提供了更为专业的建议与实践；来自虚拟时尚设计方向的读者在虚拟仿真和数字化呈现方面为团队提供了更多的延展可能性；来自生活方式设计方向的读者在服务设计和系统设计方面为团队提供了更为完整的思考。

1. 鱼皮材料与刺绣工艺结合的服饰产品设计

陶琳的作品由三文鱼鱼皮制作而成，相较传统皮革，鱼皮轻薄柔软、鳞纹清晰美观，独具自然魅力。目前，中国、日本和挪威等国家的少数民族和部分设计师频繁地在时尚设计中采用鱼皮材料，尤其是用于制作箱包和配饰。但数字化领域的进展却未将鱼皮素材纳入考量，在版片建模软件面料库中，鱼皮仿真数据几乎为零，这也意味着在虚拟时尚设计中，设计师缺乏对鱼皮材料的有效模拟和应用。因此，该设计选择用三文鱼鱼皮进行创新设计，并通过数字鱼皮材料仿真技术，结合法国珠绣工艺，结合人工智能生成内容（AIGC）设计方法，在虚拟时尚环境中进行孪生设计，最终完成一系列时尚配饰产品的制作（见图2-2-15）。

2. 基于鱼皮与综合材料的首饰设计

荣丽娟、朱鑫鑫、王硕通过数字孪生建模技术和AIGC工具的应用，实现了鱼皮图案的精确

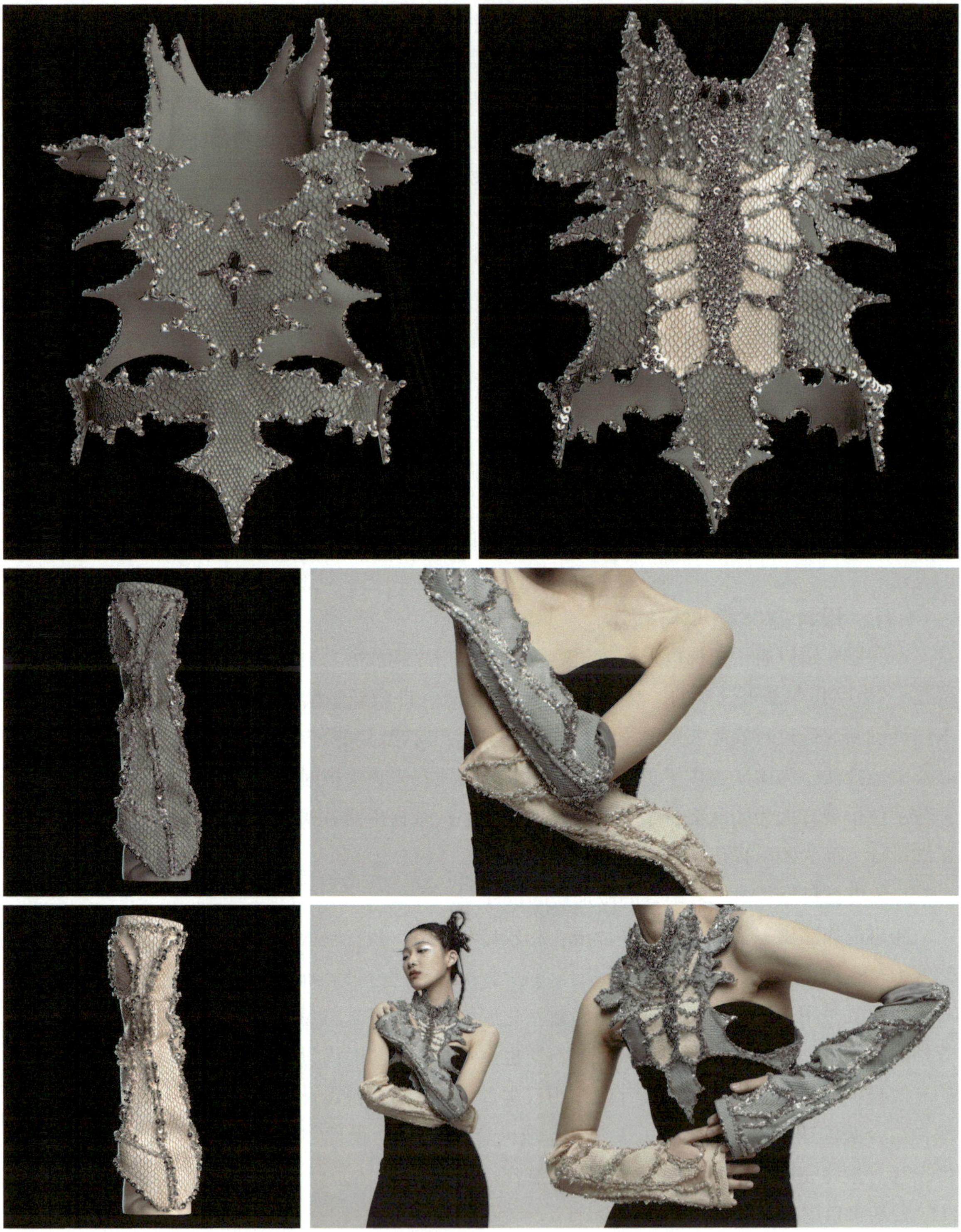

图2-2-15　鱼迹　陶琳（2023）

数字化与智能化优化，满足了现代审美需求。借助3D打印技术，高效地将数字模型转化为实体原型，并通过反复迭代和优化确保了设计的精准性和实用性。在珐琅烧制过程中，严格遵循传统工艺要求，结合现代科技手段，保证了珐琅色彩的光亮饱满。最终，他们制作出了既传承赫哲族文化精髓，又展现现代科技魅力的鱼皮首饰，不仅为赫哲族传统鱼皮艺术的传承与创新提供了新的路径，也为相关领域的研究和实践提供了宝贵的参考（见图2-2-16）。

图2-2-16　基于鱼皮与综合材料的首饰设计　荣丽娟、朱鑫鑫、王硕（2023）

3. 虚实孪生鱼皮包袋设计

顾芮萌、雷芸舒、邢宇芯的设计将赫哲族传统鱼皮工艺与现代时尚元素进行融合，实现了现代鱼皮工艺包的设计与制作。在设计阶段，他们充分利用AIGC技术，通过智能分析和处理，确保在保留传统工艺精髓的同时，巧妙融入现代设计元素。同时，创建产品的数字孪生模型，并借助数字技术将产品以立体效果呈现，为设计师和消费者提供直观的产品预览。此外，他们通过运用AIGC技术快速生成数字化产品宣传视频，不仅为鱼皮工艺注入新的时尚活力，还推动了数字化技术在产品设计与宣传中的广泛应用，进一步提升了产品的市场吸引力和竞争力（见图2-2-17）。

图2-2-17　虚实孪生鱼皮包袋设计　顾芮萌、雷芸舒、邢宇芯（2023）

4.鱼皮数字化及服装服饰设计

陈宇萱的设计通过AIGC技术的运用，实现了鱼皮图案的精准数字化转换和优化。在设计过程中，通过参考鱼尾的形态和鱼鳞片的形状，巧妙地将其融入服装的裙摆、褶皱、廓形以及头饰细节中，使得服装在保持现代美感的同时，也充满了传统文化的韵味。该创新设计不仅展示了赫哲族鱼皮艺术的独特魅力，还推动了传统工艺与现代技术的融合，让更多人了解和欣赏到中国传统服饰及其工艺的多样性和美感（见图2-2-18）。

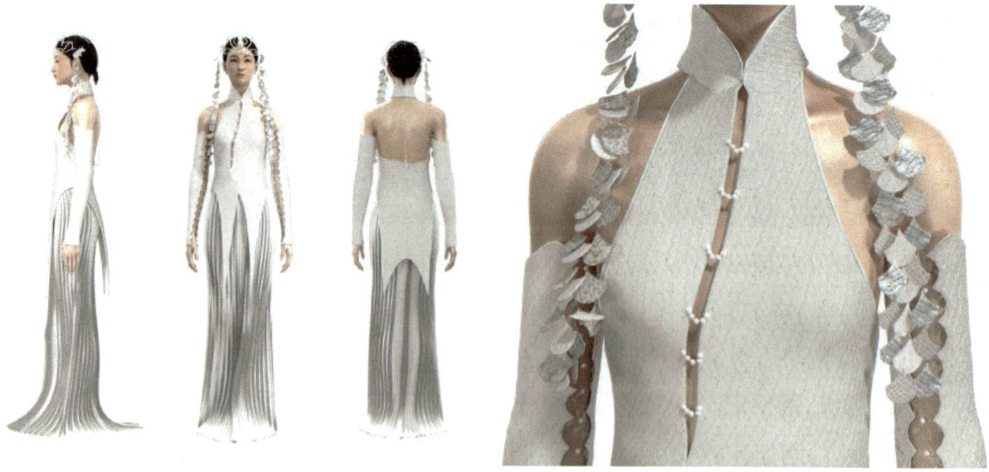

图2-2-18　鱼皮数字化及服装服饰设计　陈宇萱（2023）

5. 赫哲族鱼皮之家文化IP设计

易凡、张五湑、张今嘉、朱登宇的设计探究赫哲族文化特征与视觉元素，借助人工智能生成（AIGC）工具不断优化设计生成结果，最终将经过简化后的设计元素融入更符合年轻人审美和当代消费市场的IP中。以一个普通赫哲族四口之家为背景，父亲、母亲、儿子、女儿分工打渔、剥鱼皮、打猎、玩耍，设计赫哲族旅游导航用户界面（User Interface, UI），可点击景点了解并完成打卡，全部景点打卡完成后将弹出玩偶销售界面，从而使得赫哲族文化不仅得以传承，更吸引了更多的年轻人参与本次文化传播（见图2-2-19）。

图2-2-19　赫哲族鱼皮之家文化IP设计　易凡、张五湑、张今嘉、朱登宇（2022）

6. 赫哲族鱼皮制作技艺体验游戏

随着各类数字技术和设备的发展，数字游戏在视听体验和互动性上，相比传统游戏拥有更多潜在的可能性和发展空间。不仅仅是引人入胜的视听感受，数字游戏更成为一种具有独特叙事能力的新兴媒介，能够传播信息和文化，影响玩家。魏思涵、何怡瑶、周润欣、李响的设计借助AIGC文本生成相关工具，将赫哲族鱼皮制作技艺的步骤转换为闯关类数字游戏，以游戏奖励的方式生成数字藏品，致力于赫哲族鱼皮文化的活态保护及创新（见图2-2-20）。

图2-2-20　赫哲族鱼皮制作技艺体验游戏　魏思涵、何怡瑶、周润欣、李响（2022）

思考题

1. 传统服饰材料在当代时尚产品设计中应如何传承和发展？请列明观点，并以小组形式进行讨论。

2. 在未来，人工智能生成内容（AIGC）对服饰产品设计将产生哪些影响？请从利弊角度进行双向论证与分析。

第三节　传统服饰工艺与时尚设计

本课程我们将探索中国悠久的服饰艺术和复杂的手工艺技术，通过结合人工智能生成内容（AIGC）技术的前沿应用，打破学习与传播传统工艺的界限，为读者提供一个创新的设计工作流程。利用定制化大模型工具，读者不仅能够理解和鉴赏传统服饰工艺之美，还能掌握将这些工艺融入现代设计的方法和技能。本课程将重点培养读者对传统服饰工艺作品的鉴赏能力、理解其制作流程、掌握工艺特性要求，并学会如何运用人工智能技术进行辅助设计，最终达到能够独立创作出融合传统与现代元素的设计作品的能力。下面让我们开始本章节传统服饰工艺与时尚设计的内容学习，一起开启这段探索中国传统艺术与现代设计融合之旅。

一、项目概况

（一）项目内容

本课程旨在深入探讨和学习中国传统服饰工艺及其在现代时尚设计中的应用。课程的核心内容是让读者理解中国传统服饰的类别、定义以及其背后的文化意义，并掌握具体的工艺制作流程和设计方法。通过系统地学习，读者不仅能够深入了解如花丝细金工艺、皮影工艺与刺绣工艺等经典服饰的历史背景和发展脉络，还能学习到这些服饰的设计精髓和技术细节。

随着科技的进步，人工智能（AI）在全球各行业中扮演着越来越重要的角色，时尚设计也不例外。本课程将引入人工智能生成内容（AIGC）技术，帮助读者了解并熟练使用先进的大模型设计工具。读者将训练定制化的中国传统服饰文化工艺模型，该模型能够辅助具有不同专业背景的读者快速生成工艺设计方案，从而降低了工艺学习的门槛，提升了工艺设计转化的效率。

本课程的一大特色就是利用人工智能作为桥梁，打破传统服饰工艺的学习与传播壁垒。这一独特的教学方式能够激发读者的创造力，促进传统工艺文化的传承与发展，同时推动时尚设计领域的创新。无论是对于希望深入了解中国文化的读者，还是寻求将传统文化与现代设计相结合的设计者来说，这门课程都是一次宝贵的学习机会。

（二）训练目的

本课程的主要训练目的是培养读者对中国传统服饰工艺的深刻理解和鉴赏能力，使其能够熟悉并掌握从材料选择到成品制作的整个工艺流程。通过系统的理论学习与实践操作，读者将会接触到各种传统服饰工艺技法，如花丝细金工艺、景泰蓝工艺、镶嵌工艺、刺绣工艺、编织工艺等，并且学会如何将这些技法应用到具体的设计实践中去。此外，为了适应现代设计的需求，课程还将注重提升读者运用人工智能进行设计辅助的能力。尤其是在定制化传统服饰工艺大模型辅助设计方法的应用上，我们将介绍最新的技术和工具，帮助读者提高设计效率，减少试错成本。

通过本课程的学习，读者将能够在理解传统的基础上，灵活运用现代技术手段进行创作。最终的目标是让读者能够独立完成符合工艺标准的设计作品，并具备将传统服饰工艺与现代时尚设计有效结合的能力。这意味着，读者不仅能够创造出既有文化底蕴又具时代气息的作品，还能够将这些设计理念应用于实际生产中，推动中国传统服饰文化的传承与发展，同时也为现代时尚界注入新的活力。

本课程不仅强调技术上的训练，更重视对读者创新能力的培养，鼓励他们在尊重传统的同时勇于尝试新思路与新方法以实现传统与现代的完美融合。这种综合性的培养模式将为读者未来的职业生涯打下坚实的基础，使他们成为既能传承又能创新的专业人才。

（三）重点和难点

1.重点

（1）传统服饰工艺理解：课程强调对中国传统服饰工艺的深入理解，包括其历史背景、文化意义和技艺特点。

（2）工艺与设计的融合：课程着重于如何将传统工艺技法与现代时尚设计原则相结合，以创造具有创新性和市场竞争力的服装设计。

（3）人工智能应用：如果挑选与利用人工智能生成内容（AIGC）技术，尤其是定制化大模型工具，来辅助设计过程，提高设计效率和质量。

（4）实践操作能力：重视读者的实践操作能力培养，通过实际操作来加深对传统服饰工艺制作流程和特性要求的理解。

（5）视觉展示技巧：学习如何使用定制化大模型工具进行高效的视觉展示，增强设计作品的表现力和感染力。

2.难点

（1）定制化模型的开发：通过对传统工艺调研与研究，开发适合中国传统服饰工艺特点的定制化人工智能模型，需要深厚的技术力量和对工艺细节的深刻理解。

（2）设计创新：在尊重传统工艺的基础上进行创新设计，既要保持传统元素的纯正性，又要满足现代审美需求，这对设计师提出了较高的要求。

（3）技术与艺术的结合：如何有效地将先进的人工智能技术与传统的手工艺术相结合，平衡技术创新与艺术传承的关系，是一大挑战。

（4）跨学科知识融合：本课程涉及服装设计、工艺美术、人工智能等多个学科的知识，读者需要具备跨学科学习和综合运用的能力。

（四）作业要求

为了加深读者对传统服饰工艺与时尚设计课程内容的理解和应用，本课程将布置以下作业。

1.传统服饰工艺历史流程概述：读者需要提交一篇关于中国传统服饰工艺的历史与现状的概述，选择一种服饰传统工艺进行具体分析，以展示其对传统工艺的理解。

2.传统服饰工艺AIGC模型：读者针对选择的特定服饰传统工艺，找寻不同的工艺作品案例，并提取20~30张作品照片，利用AIGC进行模型训练以开展设计辅助工艺研发。

3.传统服饰工艺概念设计：通过概念设计方案策划，以情绪板、色彩板、故事板等进行设计视觉表现，并梳理视觉背后的关键词，输入训练的模型中，生成一组设计图像，并对其设计过程和结果进行详细分析。

4.传统服饰工艺视觉展示：读者通过定制化大模型，生成设计作品静物展示、穿戴展示、布景展示等作品。

5.传统服饰工艺作品报告：详细记录本课程各阶段成果，并以线性逻辑进行排版展示。

二、传统服饰工艺时尚化设计案例

（一）四兽之衍——基于中国传统神兽文化的眼镜设计

该系列配饰作品是基于AIGC辅助的数字眼镜，以中国神兽文化为载体，旨在表达中国神话文化的独特魅力。通过创新的方式再现神话，将传统中式元素与现代理解相结合，赋予其全新的形象。这系列眼镜融合了东方神兽的传统元素与现代表达方式。四大神兽——青龙、白虎、朱雀、玄武，在古代被称为四象、天之四灵，是远古星宿崇拜的产物。设计师通过对这些神兽的解构与重构，将其抽象地表达在眼镜上，使其具有独立的灵魂。该系列眼镜不仅实现了跨越时空的文化碰撞，还发展了眼镜作为媒介的特性。佩戴者可以通过这款眼镜展示出其所包含的意蕴，感受到中国神话文化的魅力。

1.系列作品《白虎之瞳：勇往直前》：白虎的形象通常被描绘成一只身披白色皮毛的巨大猫科动物，身上点缀着黑色的斑点和条纹，眼睛则是绿色或蓝色。它的身体非常强壮，四肢粗壮有力，尤其是后腿更是强健有力，可以轻松跃过高墙。白虎的头部较大，吻部突出，牙齿锋利，能够轻易地咬断猎物的颈部。在中国古代文化中，白虎具有非常重要的地位，被视为皇家的象征和守护神。在古代的战争中，士兵常常会在旗帜上绘制白虎的形象，以此来表达自己的勇气和力量。该作品《白虎之瞳：勇往直前》主要以皮影工艺的特点，展现半透明的材质属性，以此表达非具象化的意象。通过利用白虎的元素，并以眼镜的形式呈现，佩戴者仿佛透过白虎眼瞳的视角，看到了一个无坚不摧、勇往直前的景象。佩戴者也因此获得了白虎的神秘与威严感。这不仅仅是一件视觉装饰品，更是一种精神上的象征，让每个佩戴者都能感受到那份源自远古的勇气与决心（见图2-3-1）。

2. 系列作品《玄武之瞳：玄奥智慧》：玄武的形象通常被描绘为一只黑色的龟壳，象征着神秘与深邃。其头部长有龙头的形状，而蛇的身体则从龟壳中伸展而出，形成了玄武的两大主要部分。这种奇特的形象被称为“龟龙”，象征着北方和水的特质。在古代文化中，玄武具有重要的地位和深远的影响，被视为北方的守护神和吉祥物，能够保佑家庭平安、消灾避祸。该作品《玄武之瞳：洞察万物》主要通过对玄武造型的提炼与抽象，以中国錾刻工艺为基础，结合眼镜的佩戴方式，将玄武的文化寓意巧妙地穿戴在身上。玄武代表了北方黑龟文化，传递出一种冷静与智慧的气质，令人心生敬畏。透过这一双玄武之瞳，佩戴者仿佛能够洞察整个世界的奥秘（见图2-3-2）。

图2-3-1　四兽之衍作品《白虎之瞳》　何怡瑶（2023）

图2-3-2　四兽之衍作品《玄武之瞳》　张骥瑶（2023）

（二）志怪之影——基于AIGC辅助的中国志怪皮影文创设计

该作品旨在通过现代技术重新诠释中国传统文化中的志怪传说，利用人工智能生成内容（AIGC）技术与皮影艺术的结合，创造出一种新的文化创意产品。项目团队首先通过训练专门的皮影AIGC模型，将中国古典志怪小说中的人物、鬼怪等形象进行数字化转化与创新设计。

在创作过程中，团队成员运用AI模型进行初步的概念表达和头脑风暴，形成创意基础。随后，设计师根据这些创意结果，通过手绘设计稿来细化每个角色的面部特征、服装配饰以及道具装备等细节。这些设计稿被进一步输入AIGC模型中，由模型生成最终的皮影形象。在这个阶段，设计团队主要利用ComfyUI进行模型训练。ComfyUI是一个基于节点流程的Stable Diffusion操作界面，通过流程实现了更加精准的工作流定制和完善的可复现性。每一个模块都有特定的功能，设计团队可以通过调整模块连接达到不同的出图效果。同时，由于内部生成流程做了优化，生成图片时的速度明显提升，对显存的要求也更低（4GB就能很好地运行）。在模型训练方面，项目中包括多种大模型的同时载入、多种LoRA模型的同时载入、文本生成图像、图像转换生成图像、图像增强放大（高清修复、多模型输入放大器）、完整的ControlNet支持，并新增了混合ControlNet，已全面覆盖Stable Diffusion的所有功能（见图2-3-3至图2-3-6）。

经过对皮影工作流的设定与训练，最终形成了大量的皮影人物设计方案。设计项目通过筛选，最终确认了新构建的皮影戏世界观下的人物设定。每个角色的设计都经过精心挑选，确保它们既保留了传统皮影艺术的魅力，又融入了现代技术带来的创新元素。

以中国古代传统志怪典籍为设计元素，用皮影的方式呈现“志怪”的形象，结合传统皮影和国潮元素进行传统文化创新设计。分别为取“忽”“蠃鱼”“讹兽”三种妖怪，制作相应素材包组成“皮影盲盒”（见图2-3-7）。其中以海宁皮影为主要溯源对象，取其少雕镂、重彩绘、单线平涂，脸形圆活、单眼侧面、少夸张、近实像、富“人情”味；整体以单手、并足为主的特点融进志怪皮影设计。

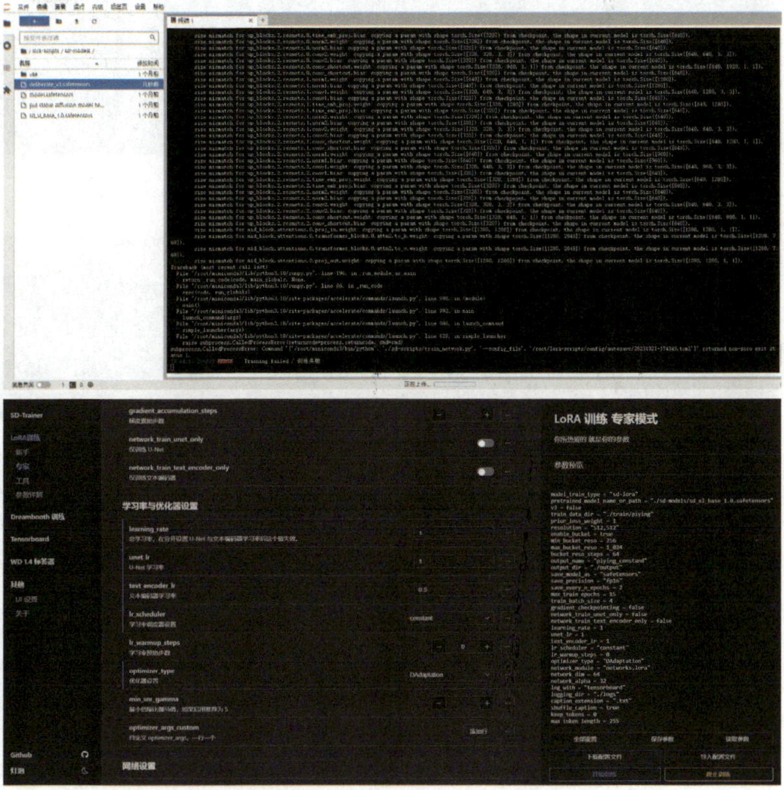

图2-3-3　志怪之影作品模型训练工作流　北服大创团队（2023）

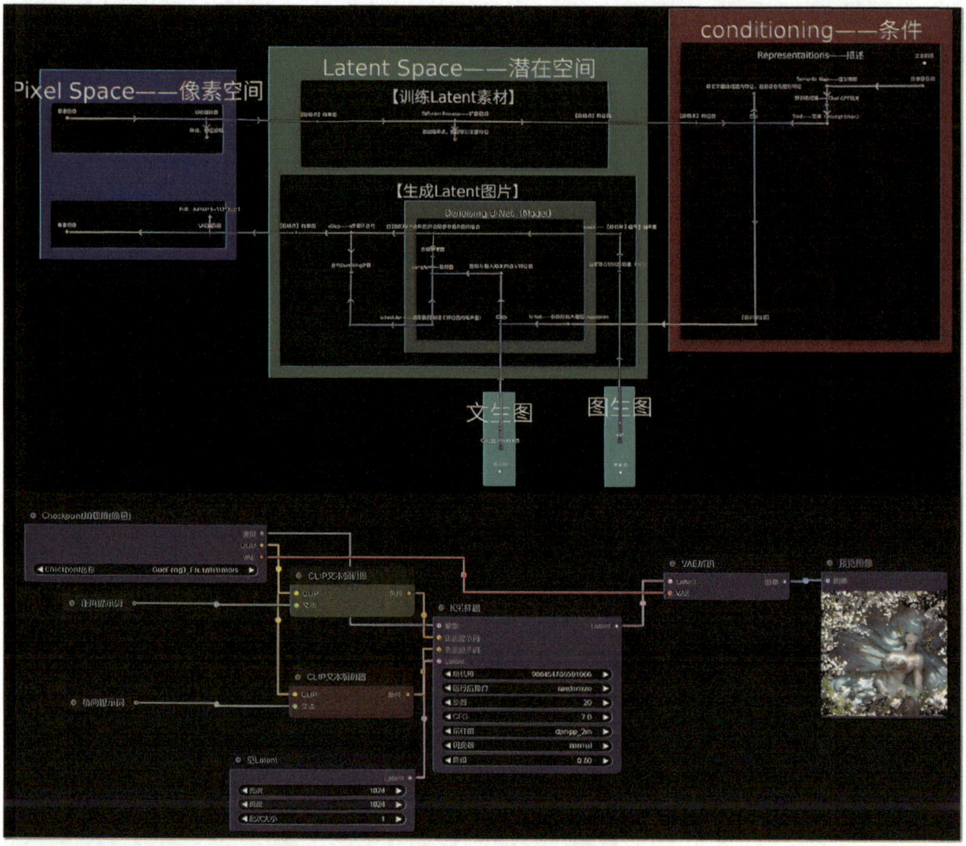

图2-3-4　志怪之影作品LORA模型训练工作流1　北服大创团队（2023）

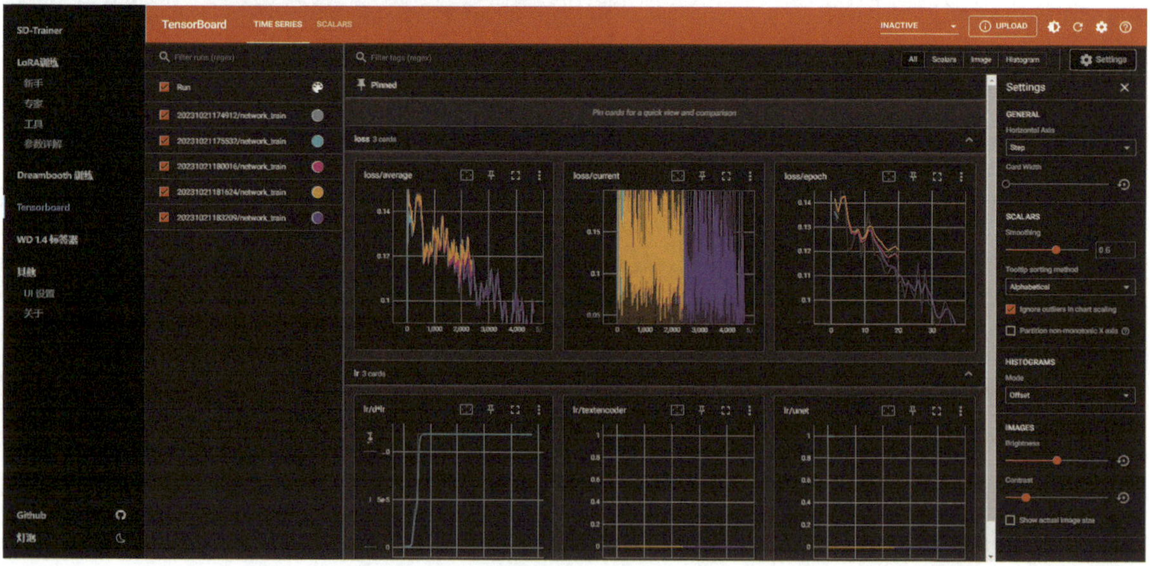

图2-3-5　志怪之影作品LORA模型训练工作流2　北服大创团队（2023）

图2-3-6 志怪之影作品LORA模型训练过程 北服大创团队（2023）

嬴渔：“蒙水出焉，南流注于洋水，其中多黄贝；嬴鱼，鱼身而鸟翼，音如鸳鸯，见则其邑大水。”《山海经》中的一种长着鱼身，却有鸟翅膀的异兽，能发出像鸳鸯一样的鸟叫声，寓意在哪里出现就会在哪里带来水灾。

讹兽：讹兽是中国古代神话传说中的神兽之一，拥有姣好的面容，身形如兔的模样，仪态优美，举手投足间灵气四散，还会说人话。这种灵气充满善意的妖兽，其肉鲜美，但吃了后也无法说真话了。

忽：就不居住的房屋生出的精怪。别称：满财。为3尺高（1米）、没有头发的小孩子（看到人便捂住鼻子），看到忽的人会有福。记载：《白泽图》。

为了更广泛地传播这种结合了传统与现代的文化产品，项目组设计了一款便携式皮影演示文创盒。这个文创盒不仅包含了基于AIGC技术生成的皮影人物，还配备了简易的皮影戏舞台和操作工具，使得公众可以轻松地进行皮影戏表演，体验传统文化的魅力（见图2-3-8至图2-3-11）。

通过这项研究，“志怪之影”项目不仅展示了如何将传统艺术形式与前沿技术相结合，还提供了一种全新的途径，让更多人能够接触并欣赏中国丰富的志怪文化遗产。这种结合了传统技艺与现代技术的创新形式，不仅丰富了传统文化的表现手法，也为现代观众提供了更加多元化的文化体验。

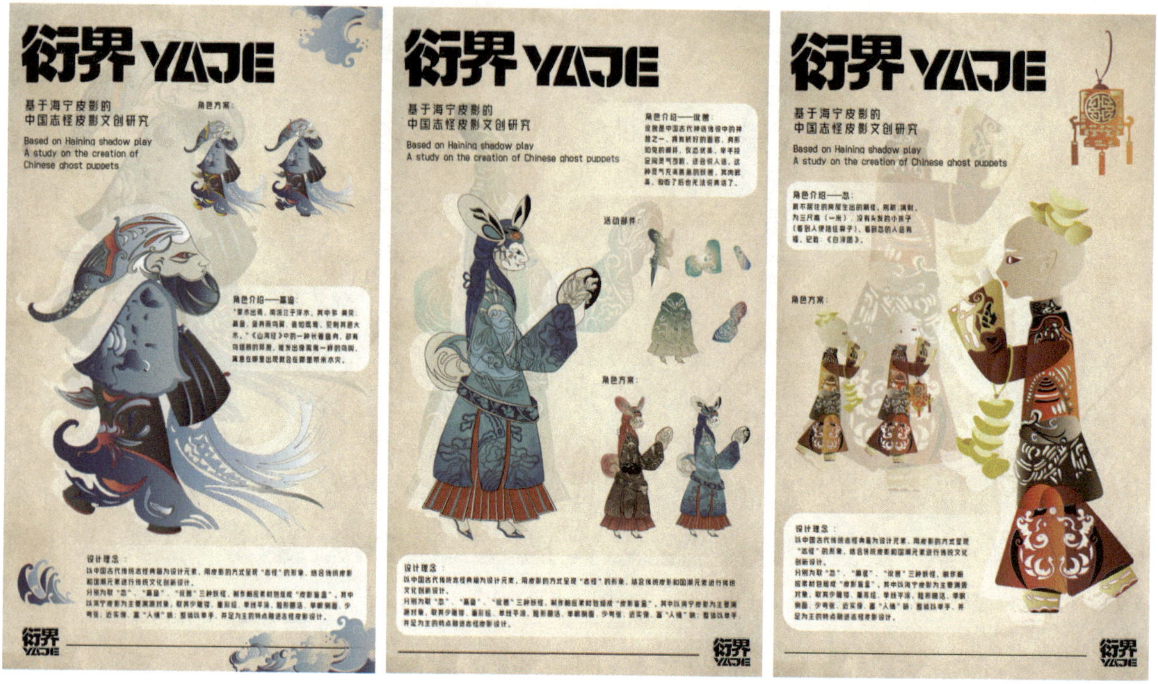

图2-3-7　志怪之影作品形象设定　北服大创团队（2023）

图2-3-8　志怪之影折页　北服大创团队（2023）

图2-3-9　志怪之影产品1　北服大创团队（2023）

图2-3-10　志怪之影产品2　北服大创团队（2023）

图2-3-11　志怪之影皮影表演模拟　北服大创团队（2023）

（三）影——基于中国传统皮影文化的配饰

该项目致力于将陕西皮影戏的传统艺术以数字化形式呈现给当代观众，通过采用前沿的人工智能生成内容（AIGC）技术，使这一非物质文化遗产焕发新的生命力。项目初期训练专门的AI皮影造型小模型并构建数据库，精确捕捉陕西皮影的独特造型与细节，使其能够在数字空间中得到真实再现。首先，借助SD-Trainer进行LoRA训练，将整理出来的皮影相关图片快捷地训练出Stable Diffusion模型。LoRA小模型训练可以从文生图和图生图两个方面进行开展，将训练的LoRA模型进行二次测试分析，不断调整模型风格、细节、数值以便得到更好的LoRA模型和使用数值。其次，将二次测试生成的LoRA小模型图片进行分类、调整，大致可以分为有场景人物造型和仅有人物造型两类。从中提取人物比例、服装造型、细节刻画都相对准确、精美的小模型再次进行训练测试得出相对稳定的LoRA小模型（见图2-3-12至图2-3-15）。

该作品选取陕西皮影中具有代表性旦角形象作为研究的切入点，深入分析其在历史长河中的社会发展和文化观念影响下的角色定位与价值观念。通过与现代女性形象特征进行对比研究，项目不仅揭示了传统与现代之间的联系和意义，还运用数字建模软件在虚拟空间中构建数字角色和服装配饰，进一步与实体皮影配饰结合，多维度展示概念。这种创新设计不仅为陕西皮影戏注入了新的活力，还使其更好地适应了当代审美需求，提升了其在现代社会中的吸引力。通过这种方式，本研究旨在促进陕西皮影戏文化的传承与发展，同时也展示了数字技术在传统文化保护与创新中的应用潜力（见图2-3-16）。

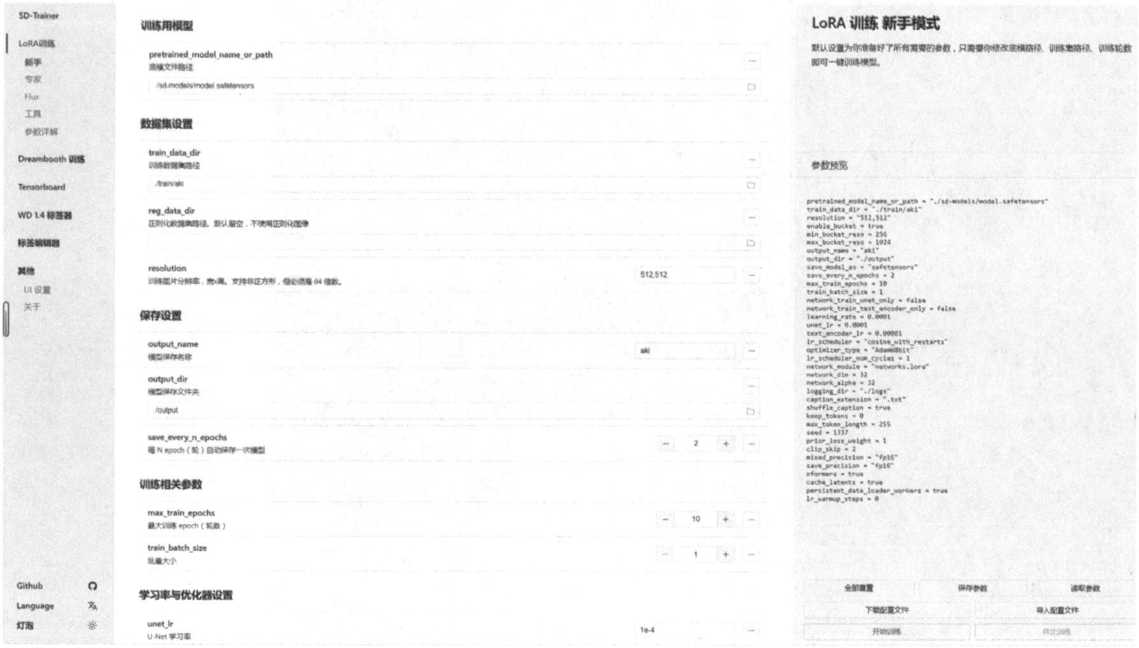

图2-3-12　影作品皮影SD-Trainer进行LoRA的训练　周润欣（2023）

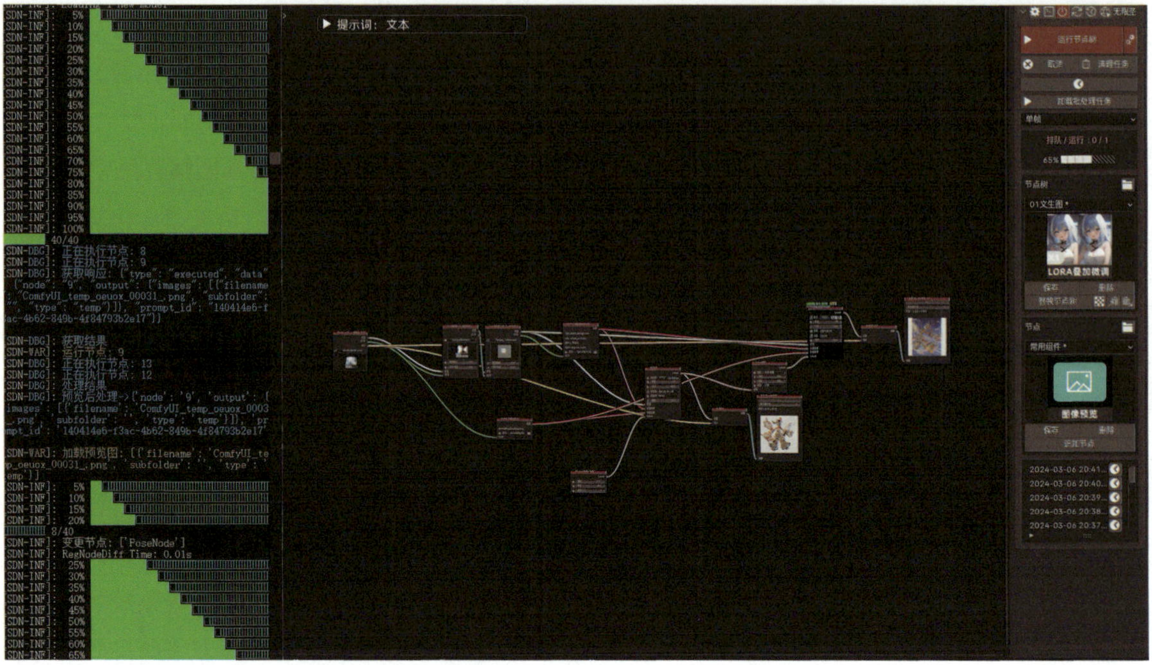

图2-3-13　影作品皮影Comfy UI工作流界面　周欣（2023）

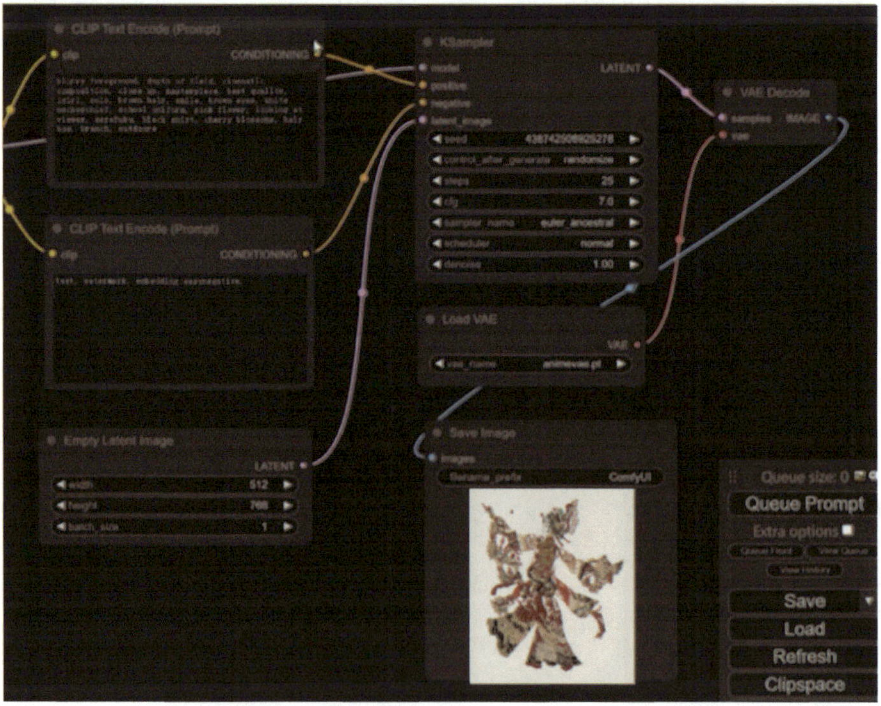

图2-3-14　影作品皮影文生图、图生图基础工作流　周润欣（2023）

图2-3-15　影作品皮影LoRA模型训练过程　周润欣（2023）

图2-3-16　配饰作品实体与虚拟展示　周润欣（2023）

三、知识点

（一）传统服饰工艺模块化设计

本知识点旨在引导读者深入探究传统服饰的制作工艺，通过系统的调研和资料整理，读者不仅能够理解各种服饰工艺的流程，还能熟悉所使用的工具与材料。读者需要对选定的工艺进行深入研究，包括工艺流程的每一步，使用的工具种类和功能，以及不同材料的选择和应用。

在调研过程中，读者应收集相关的图像资源，每个研究方向至少20~30张图片。这些图像应详细记录工艺的每一个环节，展示工具的使用方式和材料的变换过程。例如，对于刺绣工艺，学生需要从线材的选择、染色过程，到绣针的运用技巧，以及最终图案的呈现等方面进行详细的图像收集和描述。通过这一过程，读者将能够掌握如何将传统服饰工艺模块化设计的方法，进而为后续的模型训练或设计实践提供丰富的基础资料。这不仅是对读者研究能力的培养，也是对传统工艺理解和传承的一种方式。

（二）传统服饰工艺AIGC大模型训练

在本知识点中，读者将学习如何基于SD-LoRA模型进行AIGC的训练参数调整，并将之前调研的传统服饰工艺图片资源导入模型中。此过程旨在通过不断的模型训练，最终形成能够适配特定传统服饰工艺的AIGC模型。SD-LoRA模型是一种基于机器学习的模型，设计用于生成高质量的图像、视频或其他类型的媒体内容。它利用深度学习的技术，通过分析和学习大量的数据样本来自动化内容生成过程。

其中过程具体包括：训练参数调整、数据准备。首先读者需要整理和优化之前收集的20~30张工艺图片，确保图片质量高且具有代表性。

参数设置：在SD-LoRA模型中，读者将学习如何调整学习率、批处理大小、训练周期等关键参数，这些参数将直接影响模型训练的速度和结果的质量。

微调与优化：读者将应用迁移学习技术，利用已有的模型参数作为起点，针对特定的传统服饰工艺进行微调和优化。

模型训练与测试、训练过程：读者将导入准备好的图片资源，开始模型的训练过程。此阶段，读者需要不断监控模型的性能，调整参数以获得最佳效果。

测试与验证：完成基本训练后，读者需要使用未参与训练的数据对模型进行测试和验证，确保模型的准确性和泛化能力。

通过本知识点的学习，读者不仅能够深入理解AIGC技术的工作原理，还将具备实际操作和优化SD-LoRA模型的能力，为将来在相关领域的深入研究和应用打下坚实的基础。

（三）传统服饰工艺AIGC提示词库构建

在人工智能生成内容（AIGC）的应用中，提示词的构建是生成高质量输出的关键步骤。本知识点旨在指导读者如何整理和优化AIGC模型的提示词，特别针对传统服饰工艺设计术语，并结合产品设计、时尚设计、数字设计等不同领域的关键词，形成全面的提示词库。关于提示词库构建要注意以下几点。

1.特定服饰工艺设计术语：首先读者需要收集和整理与传统服饰工艺相关的专业术语，如刺绣、蜡染、丝网印刷等。这些术语将帮助模型理解设计的具体技术和样式，接着跨领域关键词整合，将涉及更广泛的设计领域关键词融入提示词库中，如色彩学、图案设计、历史服装风格等，这有助于丰富模型的创造力和多样性。设定生成提示词逻辑，建立提示词库时，读者需按照一定的逻辑层次组织词汇，从通用到特殊，确保生成内容的相关性和准确性。

2.上下文关系定义：定义不同提示词之间的上下文关系，确保在生成内容时，用词恰当且符合特定的设计场景。

3.图文关联优化：在准备用于图像生成的提示词时，读者需要考虑文字描述与视觉元素的匹配度，为文生图做准备，优化提示词以产生更具视觉效果的图像。

4.迭代测试：通过不断地迭代测试，调整和完善提示词库，直至能够有效地引导模型生成符合预期的传统服饰工艺设计图像。

通过本知识点的学习，读者将掌握构建和应用AIGC提示词的技巧，从而提高模型在传统服饰工艺设计领域中的表现力和创新力。这不仅是提升个人技能的重要步骤，还是探索人工智能在时尚产业中应用的基础。

（四）传统服饰工艺产品多维时尚表现

本知识点旨在展示如何通过人工智能生成内容（AIGC）技术将传统服饰工艺应用于多样化的时尚产品中，包括首饰、鞋品、箱包、配饰等。通过运用AIGC图转视频技术、数字建模渲染技术以及实体工艺实践技术，本知识点强调在数字与实体交融的多维度中探索传统服饰产品的时尚表现。

1.模型生成与产品类别设定：读者将学习如何设定AIGC模型以生成不同类别的时尚产品。这包括理解各类产品的设计要素和结构特性，如首饰的精细装饰、鞋品的板型设计等。

2.AIGC图转视频技术应用：利用AIGC技术将静态图像转化为视频，展示产品的各种动态效果，如配饰的佩戴方法、箱包的细节展示等。这种技术能够增强产品的视觉冲击力和用户体验。

3.数字建模渲染技术：通过数字建模和渲染技术，读者可以将传统工艺数字化，创建产品的数字原型，并进行视觉效果渲染。这有助于在生产前预览产品设计和工艺效果。

4. 实体工艺实践技术：将AIGC生成的设计应用于实体产品制作，验证其实际效果和可行性。这一步骤涉及传统手工技艺与现代制造技术的结合，确保设计既保持传统美学，又符合现代功能性需求。

5. 数实交融的探索：最终，读者将探索数字技术与传统工艺相结合的新型时尚表现形式。这不仅是技术的应用，更是对传统文化现代表达的一种创新。通过本知识点的学习，读者不仅能够掌握AIGC及相关技术在时尚产业中的应用，还能够深入理解如何通过技术手段为传统艺术注入新的生命力，实现其在现代市场中的创新发展。

四、实践程序

（一）课题解读

AIGC作为一项前沿技术，正受到全球多国的高度重视。不同国家根据自身的科技发展水平和战略需求，采取了各自的发展策略和政策措施。随着技术的进一步发展和应用的深入，AIGC将在更多领域展现其潜力和价值，成为推动全球科技进步和经济发展的重要力量。

本课题深入探讨了中国传统服饰的丰富类别、独特定义、精细制作流程和创意设计方法。通过结合人工智能生成内容（AIGC）技术，我们旨在打破学习与传播中国传统服饰工艺的壁垒，利用大模型技术生成辅助设计的图像，以促进创新设计的发展。读者将了解并应用定制化大模型工具，提高视觉展示能力，并将传统元素与现代审美相结合。

课程内容不仅涵盖了中国传统服饰的基础知识，还教授了如何将这些传统元素巧妙地融入现代时尚设计中。通过学习，读者能够理解中国传统服饰的文化内涵，掌握其制作技艺，并学会如何将这些传统元素与现代设计理念相结合，创作出既具有民族特色又符合现代审美的时尚作品。

总之，本课程旨在培养读者对中国传统服饰工艺的热爱和尊重，同时激发他们的创新思维和实践能力，为现代时尚设计注入新的活力和灵感。

（二）网络调研与市场分析

在这个阶段，读者通过使用网络媒介如博物馆官网、工艺新闻报道、图书文献、公众号及社交媒体等，对选定的中国传统服饰工艺进行深入的资料调查与整合。他们通过这些渠道可以收集关于所选服饰工艺的信息，包括工艺的特点、制作流程和所用材质。随后，读者需要撰写一份详细的工艺报告，这份报告不仅描述工艺本身，还需分析该工艺在市场上的地位，并探讨其与现代服饰产品结合的可能性。

通过网络调研，读者能够了解传统工艺在现代社会中的应用和市场需求，这对于他们将传统元素融入现代设计具有重要的参考价值。此阶段的学习成果将帮助读者在未来的设计工作中，更好地利用中国丰富的传统工艺资源，创造出既具创新性又符合市场趋势的服饰产品。

（三）项目企划与概念构建

在这个阶段，读者需要对选定的中国传统服饰工艺进行深入的AIGC延展设计。首先，他们可以自主选择或结合专业背景，确定利用AIGC训练模型生成什么类别的服饰时尚产品。这可能包括开发全品类服饰作品，或者是针对珠宝设计、鞋品设计、箱包设计、配饰设计与服装设计等特定领域。

其次，读者需要确定项目企划目标。通过设计情绪板、颜色板、故事板等，他们可以表达设计美学风格。这些视觉板不仅帮助读者梳理设计思路，还可以将三个视觉板的视觉呈现转化为关键词描述，以便后期生成图像应用。例如，如果读者选择了"古典雅致"作为他们的设计主题，他们可能会选择深蓝和金色作为主要颜色，并选择一个古代皇室的故事作为灵感来源。

最后，读者可以使用AIGC平台进行初步的概念设计与设计表现。他们可以通过输入关键词和参数，让AIGC平台生成符合他们设计目标的图像和方案。这些初步的设计可以作为后续开发和细化的基础。

总之，这个阶段的目标是让读者通过使用AIGC技术和创新思维，将中国传统服饰工艺与现代时尚元素相结合，创造出独特而富有创意的时尚产品。

（四）传统服饰工艺与模块整合

在探索传统服饰工艺的数字化转型中，采取模块化处理的方式，以科学性提升AIGC模型的训练效率。首先，我们确定工艺的基础元素特征，如花丝细金、刺绣、织锦和印染等，这些是构成服饰美感和实用性的核心元素；其次，基础材料特征涉及金属、丝绸、棉麻等天然纤维，它们赋予服饰独特的质感和舒适度；最后，基础造型特征则包括服饰的立体结构、剪裁、装饰细节，这些都是文化传承的重要载体。

通过摄影拍摄或数字化建模，我们将这些特征转化为图像信息，为AIGC模型提供丰富的视觉数据。模块化整合不仅确保了信息的完整性，还增强了逻辑性，使得模型能够更准确地学习和模拟复杂的服饰工艺。这种方法论的应用，无疑将推动传统服饰工艺在现代设计中的创新与发展。

其中以花丝细金工艺为例，在此阶段，通过确定单元平面丝的元素特征（如麻花丝、巩丝、竹节丝、凤眼丝、套泡丝、麦穗丝），并确定工艺为金属材质（金、银、铜），再确定其掐、填、攒、焊、堆、垒、织、编不同工艺流程的造型特征。

（五）AIGC工艺模型训练

在AIGC领域，通过深度学习和神经网络技术，可以训练出能够生成具有特定风格和特征的图像、文本或音频的模型。对于已经选择的传统服饰工艺，我们可以采用以下环节进行AIGC模型的训练与生成。

1.训练素材库整合：需要收集25~30张与传统服饰工艺相关的参考图。这些参考图可以是来自互联网、书籍、杂志等不同来源的高质量图片，以确保训练数据的多样性和丰富性（见图2–3–17）。

2.TAG标签处理：对于素材库中的参考图，进行TAG标签处理。这意味着为每张图片添加描述性的关键词或标签，以便模型能够理解和学习图片中的特征和细节。例如，可以为一张描绘刺绣工艺的图片添加“刺绣”“传统服饰”等标签（见图2–3–18）。

3.设计模型训练参数：根据具体的需求和硬件资源，设计合适的模型训练参数。这包括选择合适的神经网络架构、设置学习率、优化器、批量大小等超参数。这些参数的选择将直接影响模型的训练效果和性能（见图2–3–19）。

4.开始模型训练：在完成上述准备工作后，可以开始模型的训练过程。这个过程可能需要较长的时间，因为模型需要通过反复迭代来学习和提取参考图中的特征和风格。在训练过程中，可以使用验证集来评估模型的性能，并进行必要的调整和优化（见图2–3–20）。

5.将LoRA模型导入Stable Diffusion：将训练好的LoRA模型导入Stable Diffusion框架中，这样就可以利用该框架的强大功能来生成具有类似传统服饰工艺风格的新图像，通过调整输入参数和条件，可以实现不同的创作效果和风格变化（见图2–3–21）。

通过以上环节的训练与生成，AIGC模型可以成为艺术家和设计师的有力工具，帮助他们快速创作出具有独特风格和个性化特征的作品。同时，这也为传统文化的传承和发展提供了新的技术支持和可能性。

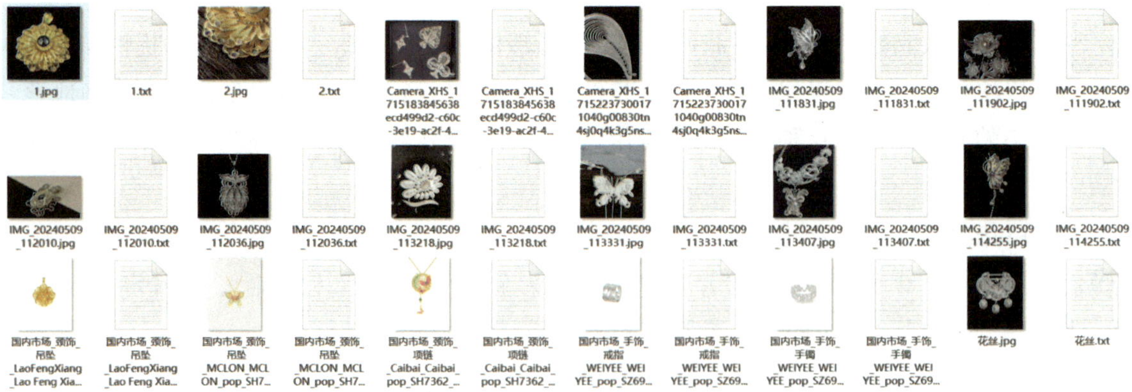

图2–3–17　AIGC模型工艺素材（2024）

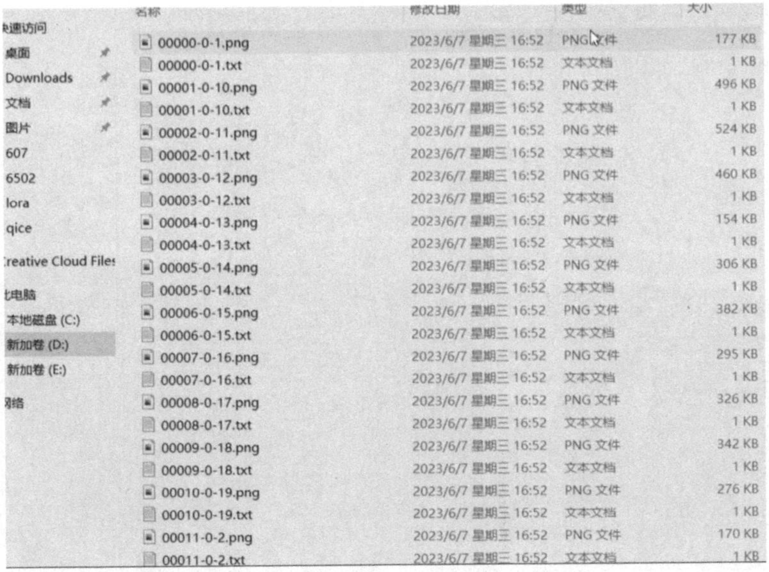

图2-3-18　AIGC模型素材TAG标签处理（2024）

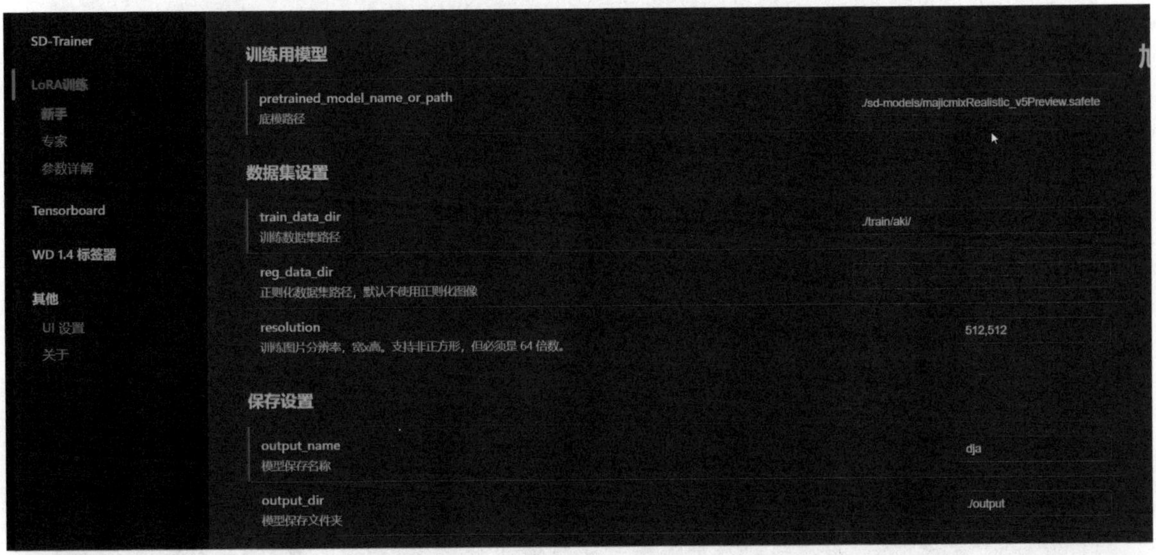

图2-3-19　AIGC模型参数调整（2024）

（六）AIGC工艺模型服饰产品平面与立体探索

在AIGC模型的训练过程中，我们首先需要确保模型能够理解和生成平面且简易的造型。这是因为对于AIGC模型来说，平面化造型结果相对容易理解，可以更好地进行训练。

在初步使用训练完成的模型时，我们建议以平面且简易的造型进行测试。这样可以帮助我们

图2-3-20　AIGC模型训练过程（2024）

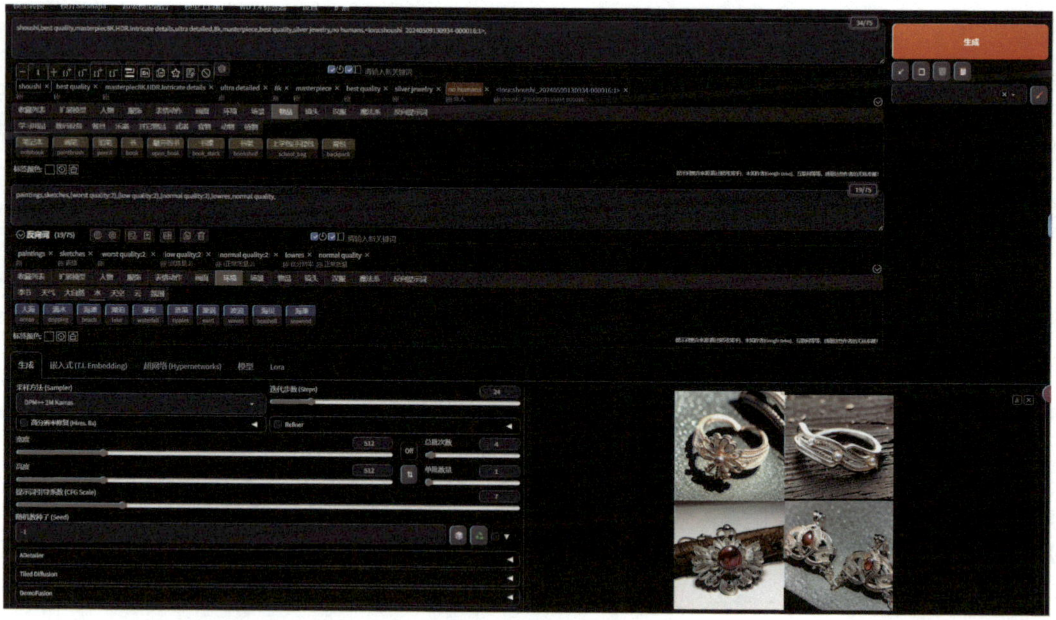

图2-3-21　AIGC模型完成（2024）

检查模型是否能够正确地理解和生成所需的造型。如果生成的结果无法满足我们的工艺需求，那么我们可以返回上一阶段再次进行模型训练，直到模型能够满足我们的需求为止。

在完成平面造型生成之后，我们可以开始进行多层次立体造型生成。这一步骤可以通过文生图方式或者图生图方式进行。文生图方式是指通过描述文本来生成相应的立体造型，而图生图方式则是通过已有的图像来生成新的立体造型（见图2-3-22）。

在进行多层次立体造型生成时，我们需要考虑到造型的复杂性和细节程度。这可能需要我们对模型进行进一步的训练和调整，以确保它能够正确地理解和生成所需的立体造型。

AIGC模型的训练和使用是一个不断探索和优化的过程。我们需要不断地测试和调整模型，以确保它能够满足我们的工艺需求。只有这样，我们才能充分利用AIGC模型的能力，生成满足我们需求的造型（见图2-3-23、图2-3-24）。

图2-3-22　AIGC模型图生图演示（2024）

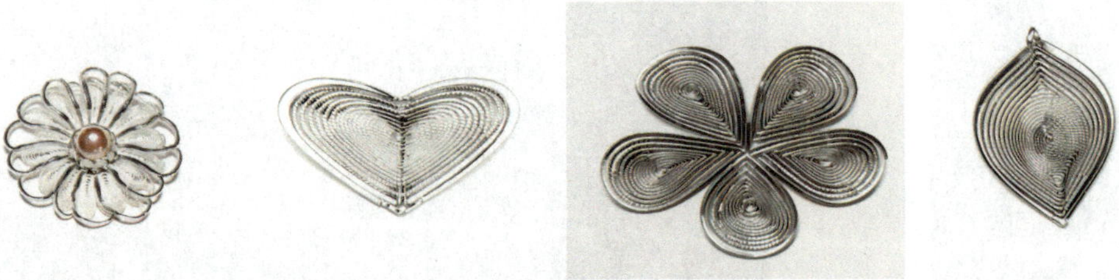

图2-3-23　AIGC模型平面造型（2024）

图2-3-24　AIGC模型立体造型（2024）

（七）AIGC工艺模型服饰产品多类别应用设计

在AIGC模型的应用过程中，针对垂类服饰产品的定向生成研究是一个重要环节。这一阶段需要深入分析不同服饰产品的特点，并根据这些特点进行关键词的梳理和逻辑编写。

以珠宝首饰为例，我们需要理解其材质、款式、颜色、尺寸等关键属性，并结合市场趋势和消费者偏好，编写符合需求的逻辑。同时，我们还需要考虑珠宝首饰的制作工艺和佩戴场景，以确保生成的结果既美观又实用（见图2-3-25至图2-3-27）。

对于鞋品而言，我们需要关注其款式、材质、颜色、尺码等关键属性，并结合流行元素和季节变化，编写符合时尚潮流的逻辑。此外，我们还需要考虑鞋品的舒适度和耐用性，以确保生成的结果能够满足消费者的需求（见图2-3-28至图2-3-30）。

图2-3-25　AIGC模型首饰生成1（2024）

图2-3-26　AIGC模型首饰生成2（2024）

图2-3-27　AIGC模型首饰生成3（2024）

图2-3-28　AIGC模型运动鞋生成（2024）

图2-3-29　AIGC模型高跟鞋生成（2024）

图2-3-30　AIGC模型靴子生成（2024）

在箱包领域，我们需要关注其款式、材质、颜色、尺寸等关键属性，并结合旅行需求和场合搭配，编写符合实际需求的逻辑。同时，我们还需要考虑箱包的容量和背负方式，以确保生成的结果既有实用的功能又能够体现时尚性（见图2-3-31）。

对于眼镜而言，我们需要关注其框架款式、镜片类型、颜色等关键属性，并结合视力需求和面部特征，编写符合个性化需求的逻辑。此外，我们还需要考虑眼镜的舒适度和耐用性，以确保生成的结果能够为消费者提供良好的视觉体验（见图2-3-32）。

图2-3-31 AIGC模背包生成（2024）

图2-3-32 AIGC模型眼镜生成（2024）

在帽饰领域，我们需要关注其款式、材质、颜色等关键属性，并结合季节变化和场合搭配，编写符合时尚潮流的逻辑。同时，我们还需要考虑帽饰的尺寸和佩戴舒适度，以确保生成的结果能够满足消费者的头部尺寸和佩戴习惯（见图2-3-33）。

对不同服饰产品进行关键词的梳理与逻辑编写，我们可以更好地利用AIGC模型进行定向生成研究，从而为消费者提供更加个性化、多样化的服饰选择。

图2-3-33 AIGC模型帽饰生成（2024）

（八）设计方案整理与展示

了解和掌握AIGC模型训练的几个阶段，对于读者来说，是进行服饰产品设计辅助的重要基础。通过不断地实践和应用模型，读者可以更深入地理解模型的工作原理和应用场景。通过了解与掌握AIGC模型训练的工作方法，读者可以更加熟练地运用模型进行服饰产品设计辅助，提高设计水平和创新能力。其中也包括静物展示、展台展示、穿戴展示等。

1.丝韵耳饰设计：该作品匠心独运，融合了中国传统非遗工艺——花丝细金，以及现代AIGC模型技术，打造出一款独特的身体配饰。这款配饰以AIGC模型为设计工具，将中国传统工艺与现代科技完美结合，展现了传统与现代的交融之美。在设计上，作品采用了写意抽象的造型语言，使得配饰呈现一种既有古典韵味又不失现代感的风格。花丝细金工艺的运用，使得配饰更加精致细腻，充满了中国传统美学的韵味。同时，结合珍珠镶嵌的工艺特征，作品在细节上处理得恰到好处，既突显了花丝的华美，又彰显了珍珠的高贵，使得整个配饰更加独具匠心（见图2-3-34、图2-3-35）。

图2-3-34 丝韵作品——耳饰作品AIGC生成 王涛、顾芮萌（2024）

2.华与彩项链设计：该作品通过AIGC模型的训练，深入探寻了花丝工艺与珐琅工艺的融合

图2-3-35 丝韵作品——耳饰作品AIGC生成 王涛、顾芮萌（2024）

图2-3-36 华与彩作品——项链作品AIGC生成 王涛、顾芮萌（2024）

图2-3-37 华与彩作品——项链作品AIGC生成 王涛、顾芮萌（2024）

之道，为传统非遗工艺的创新与发展提供了新的视角。在利用人工智能生成技术的过程中，该作品巧妙地表现了不同工艺的材质属性，使花丝工艺的细腻柔韧与珐琅工艺的鲜艳色彩得以完美呈现。同时，结合AI模特的穿戴方式，作品不断探索与尝试，将传统工艺与现代时尚元素相结合，为观众呈现一场视觉与感官的盛宴（见图2-3-36、图2-3-37）。

思考题

1. 思考传统服饰文化工艺与时尚设计如何结合，以及如何利用训练好的模型进行设计融合。

2. 通过调研，选择一个中国传统服饰文化工艺，思考如何获取AIGC训练资料、训练逻辑，以形成可以辅助设计的AIGC模型。

第四节　传统服饰参数化与时尚设计

从计算机辅助设计（CAD）到计算设计，技术的颠覆影响着设计思维和方法的深刻转变。智能设计包括参数化生成设计和基于大语言模型的生成设计，传统建模正在逐渐为生成所取代，设计师意识与设计计算相融合，成为产品设计新发展方向。计算设计的思维模式、高效工具，以及带来的颠覆性设计方法，为传统文化要素与现代服饰产品设计结合提供了契机。一方面，设计师可以采用参数化建模、AIGC生成图像等多种智能设计手段进行传统文化要素的综合设计，从单一产品走向系统设计，从设计走向设计思考，设计师个人设计也将成为“团队”设计；另一方面，参数化设计的介入，根据其输入的参数来控制设计模型的原理，建立传统文化图案与现代图形之间的关系，继而产生现代三维服饰产品的创造性实践转化。因此，本课程希望提供给读者这一创意思维启发，以及这一颠覆设计方法的实践平台。

一、项目概况

（一）项目内容

围绕中国传统纹样进行现代参数化服饰设计创作，旨在强调传统纹样在现代设计中的重要性和价值，实践传统元素二维到三维产品的现代设计转化，掌握参数化建模、AIGC多种智能设计工具，梳理基于现代智能设计工具的设计程序，探索使用智能设计工具的设计效果的可能性，并引导思考在创新中如何更好地保持传统文化的精神内核。

（二）训练目的

1.掌握参数化建模技术：根据实践讲解以及自学参考书目，掌握基础参数化建模方法。

2.运用AIGC生成技术：使用但不限于通义万象等工具进行穿着、佩戴服饰的人物图片生成，并与参数化服饰效果图进行融合，掌握文生图、图生图技巧，包括关键词设置、参数设置等。

（三）重点和难点

1.重点

（1）传统文化元素抽象提取：选取有代表性的传统图案、形态、构图、意境等素材，掌握提取、简化、变形、组合等抽象方法。

（2）综合运用多种现代辅助设计技术：灵活运用现代技术手段，如运用Grasshopper参数化建模软件，又如在设计灵感输入、渲染图制作等多个环节使用AIGC生成工具。

2.难点

（1）目标为导向的学习思维转变：从传统的学什么工具方法、用什么工具方法，转变为确定设计目标效果后，梳理所需技能，并搜索学习资源自学技能。

（2）整合创新的能力建构：基于现代计算机辅助设计技术，善于整合多种智能设计工具，使自己从扮演设计师角色到扮演设计经理角色，让智能设计工具弥补个人设计技能不全、效率不高的短板，一个人变为一个团队。

（四）作业要求

1.设计一款基于传统文化符号的参数化服饰作品：选取中国传统纹样、形态，经过提取、抽象、参数化建模、渲染、人物生成、合成等步骤完成作品。

2.展现参数化建模过程：在进行参数化建模后，将连接的电池进行截图，要求完整展示。

3.渲染效果及佩戴效果表达：使用Keyshot等渲染工具进行渲染，并结合AIGC生成的人物展示佩戴效果，要求效果图真实、清晰。

4.设计报告书：要求将调研、传统元素提取、建模、渲染等步骤内容进行排版，排版风格统一、内容清晰。

二、服饰参数化设计案例

（一）参数化首饰——动态性能

Nervous System是一个以参数化设计著称的平台，Kinematic Jewelry系列作品整合了参数化设计技术和3D打印技术，打造出独特且具有动态性能的首饰、服装和艺术品，作品因参数化结构创新表现出贴合佩戴者身体、柔性等特征（见图2-4-1）。Kinematic Jewelry系列首饰采用了激光烧结3D打印技术，并使用了坚固但略带弹性的尼龙打印材料。这些首饰经过抛光处理为光滑的表面，但保留了参数化的精致纹

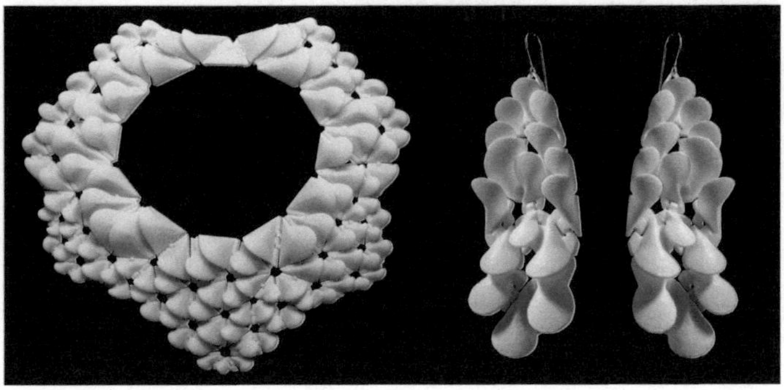

图2-4-1　Kinematic Jewelry系列参数化首饰耳环　Nervous System（2013）

理，项链和手链采用隐藏扣结构进行固定（见图2-4-2、图2-4-3）。

图2-4-2　Kinematic Jewelry隐藏扣系列参数化首饰1　Nervous System（2013）

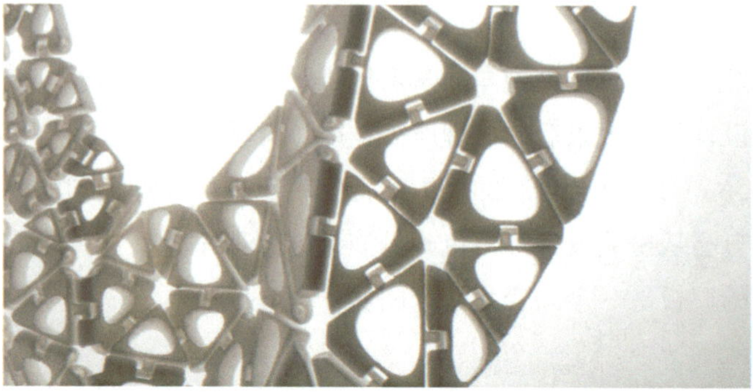

图2-4-3　Kinematic Jewelry隐藏扣系列参数化首饰2　Nervous System（2013）

Floraform是Nervous system创作的一件衍生设计作品。作品系统地结合了参数化建模、数字模拟以及3D打印技术，可以精确计算各种复杂、精细的自然图案，并即刻打印成形，应用于穿戴设计。每件作品均模仿花草在不同生长阶段受生物力学影响的形态变化，花朵和叶子会逐渐地产生变化。Floraform计算机程序可以将简单的表面转变成各种复杂的形态，在空白空间内填入各式各样的曲线、叠痕及皱褶，并沿着形态的边缘向外延伸，随着模型表面膨胀，生长峰不断移动；通过使用各种成熟的计算机图形学处理方法，Nervous System得以控制3D打印出每一个纹理细节。目前，该工作室利用这种技术，已经创作出几十件独一无二的作品，Floraform系列既有为手指、手腕和颈部设计的首饰，也有用于摆放在桌面上的艺术品，每一件作品均由精心选择的利用激光烧结技术和尼龙材质打印而成，作品用各自独特的线条诉说着如何将看似简单的几何图形转变成纷繁复杂的艺术效果（见图2-4-4、图2-4-5）。

图2-4-4　Floraform系列尼龙材料打印1　Nervous System（2014）

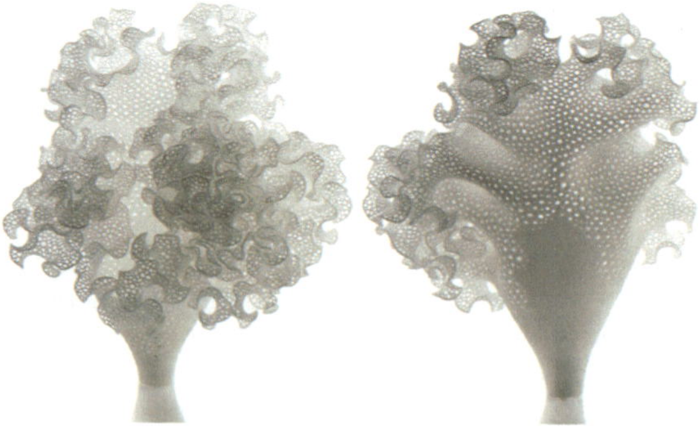

图2-4-5　Floraform系列尼龙材料打印2　Nervous System（2014）

（二）参数化护具定制——柔性混合打印技术

在康复领域，3D打印技术与人性化、个性化的发展方向相融合，具有高效、灵活、节省的特点，满足智能生产制造的需要。在打印技术逐步简化、成熟的过程中，3D打印支具有在未来取代传统支具和器械的潜力。北京服装学院团队的设计中，提供了参数化技术支持下的支具定制系统，将已经确定的外观模型导入软件，将其转化为由基本单元排列的参数化结构，并可以对整体中的局部单元进行修改，同时可以设置不同区域的打印材料，达到不同硬度满足支撑度和自由度的需求。该设计将三维打印技术与参数化结构的优势相结合，应用于个性化手部伤病康复治疗，结合康复医学、材料、结构等多方面理论，给患者提供更加个性化、舒适、便利的康复体验（见图2-4-6、图2-4-7）。

图2-4-6　参数化护具　张帆、裴叶青、赵可欣（2021）

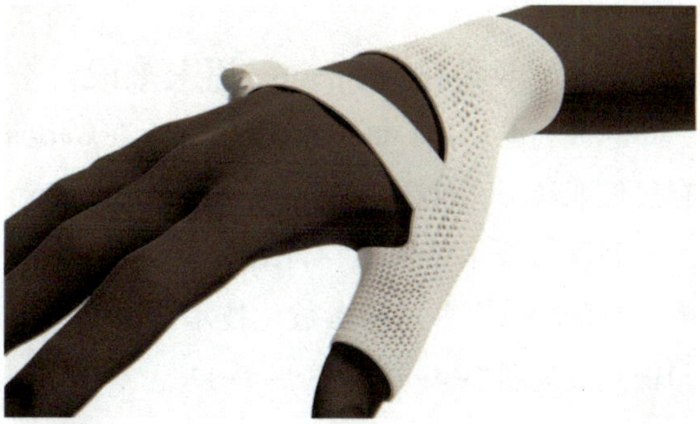

图2-4-7　参数化护具定制平台　张帆、裴叶青、赵可欣（2021）

（三）参数化柔性传感器——Invisible步态压力检测运动鞋

Invisible是北京服装学院团队设计的一款参数化电容式压力传感器及交互系统（见图2-4-8）。传统的压力传感器通常是刚性的，在智能产品中作为独立的结构发挥作用。压力感应功能与实际产品的分离阻碍了交互的灵活性和舒适性，对产品设计造成了重大限制。随着3D打印和智能制造技术的进步，团队开始设想是否有一种新型的压力传感器可以打破这些限制。Invisible是一款先进的电容式压力传感器，通过3D打印将导电和非导电材料混合而成，它将传感器的功能无缝集成到参数化结构和产品设计中，实现了智能与定制的融合（见图

图2-4-8　Invisible步态压力检测运动鞋1　张帆、周宇杰（2023）

2-4-9）。

在这个传感器的基础上，团队设计并制作了步态压力检测运动鞋，利用导电材料印刷技术的混合，无缝集成压力传感功能与灵活的参数化结构。巧妙地利用晶格结构，增强了鞋底的透气性，并结合虚拟平台TouchDesigner，可以实现可视化的步态运动检测。该设计分析了运动员和下肢残障人士的足部压力，从而设计出个性化的鞋子，包括针对个人脚型量身定制的鞋子模型。

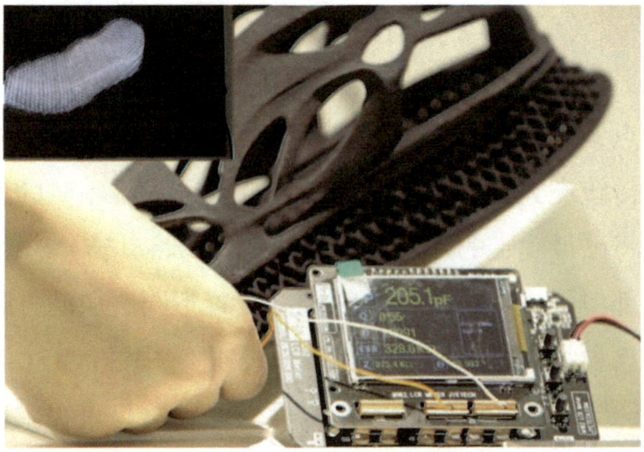

图2-4-9　Invisible步态压力检测运动鞋2　张帆、周宇杰（2023）

（四）参数化首饰——超未来设计

意大利设计师Ludovico Lombardi在Carlos Ferrater、Arata Isozaki和Zaha Hadid等建筑事务所有过任职经历，他受到Zaha Hadid超未来的动态设计理念影响，研究方向结合了建筑、时装、艺术和新材料技术等领域，自幼对时装及T台着迷的Ludovico Lombardi尝试让建筑设计和时尚产生有趣的联系，并基于参数化技术设计了Swan necklace、NYF 3D PRINTS多款经典参数化3D打印饰品（见图2-4-10、图2-4-11）。

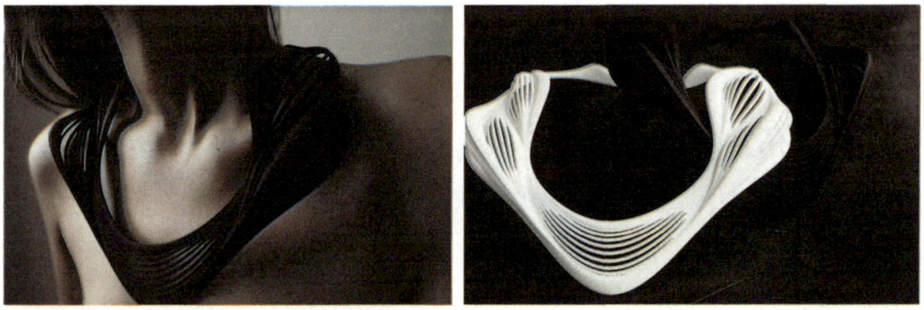

图2-4-10　参数化首饰Swan necklace　Ludovico Lombardi（2013）

图2-4-11　参数化首饰NYF 3D PRINTS　Ludovico Lombardi（2013）

三、知识点

（一）参数化设计起源

计算机辅助设计（Computer-Aided Design, CAD）是利用计算机及其图形、图像技术辅助设计人员进行设计、仿真、分析、优化工作的过程，整个过程涵盖概念、方案到最终设计，通过二维或三维图形呈现，广泛应用于工业设计、机械工程、建筑设计等领域。在工程和产品设计中，计算机可以帮助设计人员担负计算、信息存储和制图等工作，减少人为错误且提升效率。早期计算机只能辅助设计师进行模型制作及效果图表现，使设计的过程更加高效，三维建模软件如3D Max、Maya等，随着计算机图形图像学、机器学习等计算机技术快速发展，计算机更高效出色地帮我们完成产出方案的设计过程，推动设计的流程的改变和变迁，产生了智能设计，包括参数化设计和生成式设计。

最早具有参数化思维的建筑属高迪的圣家堂，高迪通过观察镜面绳子的反射推敲出了圣家堂拱形内部空间，这种将自然力学原理与建筑形态相结合的设计手法，不仅展现了形式与结构的完美统一，更开创了参数化设计的先河，为后世建筑数字化设计奠定了重要基础。参数化设计最早是从20世纪90年代中后期计算机领域兴起的，起初仅被运用在非线性建筑设计上，且只在高等学府，如麻省理工学院、AA建筑联盟学院等才设有相关课程。

（二）参数化设计概念

参数化（Parametric）一词起源于数学领域，是一种基于参数关联与逻辑规则的系统化方法，其核心是通过定义变量（如尺寸、角度）及变量之间的动态关系，驱动设计、建模或计算过程的自动化与智能化。参数化不仅是一种技术手段，更是一种思维方式，强调通过参数间的关联性和算法逻辑实现灵活、高效、精确、创新的系统响应。当代设计中，参数化设计率先被广泛地运用到建筑设计上，之后扩展到工业设计与制造、数据科学与工程等领域，如扎哈·哈迪德（Zaha Hadid）设计的北京银河SOHO，Adidas3D打印运动鞋、宝马概念车Vision Next100等。[1]

（三）参数化设计与生成设计

AI时代的智能设计包括参数化设计和基于大语言模型的生成式设计。生成式设计是基于相关的数据和它的物理规律，程序决定并自动生成3D模型，是自下而上的，因此生成式设计取决于电脑，无法确切得知模型最终会是什么样。生成式设计中，设计师需要输入一些关键词（意向词），由计算机通过对数据库的学习、提取，演算出成百上千的模型，设计师在这些结果中选择

[1] 许通：《基于参数化设计的竹编工艺产品数字化保护研究》，载《设计》2024年。

适合的设计模型。

参数化设计与生成式设计逻辑不同，设计师预设想要得到的造型，并设定造型的形态、规律、计算方法，然后按照这样的方式使用不同的参数化工具进行建模。参数化设计需要设计师不断地调整参数最终得到适合的模型，相较于生成式设计，其更具有确定性、可控性。随着两方面设计技术的发展，生成式设计与参数化设计工具可以依据优势功能，在不同设计阶段混合使用。

（四）参数化设计工具

参数化设计是一种交互式设计过程，设计师使用规则的、可输入的参数来控制模型，这些规则建立了不同设计元素之间的关系，这些参数定义了设计模型的特定值，如尺寸、角度、密度和权重等。当参数被改变时，算法会根据设置的依赖关系自动更新所有关联的设计元素。参数化建模软件是利用计算机辅助设计技术实现的工具，为设计师提供使用参数化几何模型进行设计的方法。参数化建模软件将设计过程中的造型几何特征与参数相结合，通过修改参数值来自动生成不同的设计。典型参数化设计软件包括Grasshopper、Blender、Autodesk等，与增材制造（3D打印）结合的参数化软件还包括nTopology、Hyperganic、3-matic、Netfabb等。

（五）Grasshopper参数化建模方法

Grasshopper是犀牛软件（Rhino）的其中一个插件，主要理念为“设计即编程”，将参数化思维转化为可视化操作，通过使用图形化编程工具与犀牛软件的3D建模工具结合在一起实现参数化建模。Grasshopper建模本质是将设计逻辑转化为可控制的算法流程。运算器（电池）作为基础组件负责处理数据，如数值运算、几何生成、数据筛选等；每一个运算器包括输入端与输出端，运算器之间通过连线传递数据，形成数据流，定义从输入到输出的完整逻辑链，设计师能够按照设计的目的把所有的程序语言按照严谨的逻辑结构，将“电池”连接并组合起来；最终，将处理后的数据转化为犀牛软件中的几何体（曲面、网格、实体）。在使用Grasshopper插件过程中，设计师无须使用传统编程语言，通过图形化界面实现算法逻辑的搭建，并完成建模工作。Grasshopper帮助设计师在三维的虚拟空间中快速展示设计方案，并且根据需求修改任意输入参数（如调整滑块数值），关联组件自动更新结果，犀牛软件视窗中实时同步显示几何形态变化，给予设计师反馈。因此，Grasshopper最突出的特征是节点化逻辑结构、数据驱动的参数化过程、动态关联与实时反馈、几何生成逻辑、可扩展性等。

设计师安装了Grasshopper插件后，就能在犀牛软件里调出界面了（见图2-4-12），左边是犀牛主界面，右边是Grasshopper插件界面，在插件界面里连接电池，生成的模型会实时显示在犀牛主界面中。

Grasshopper操作界面包括顶部设置面板、工具栏、画布工具栏（见图2-4-13）。设置面板

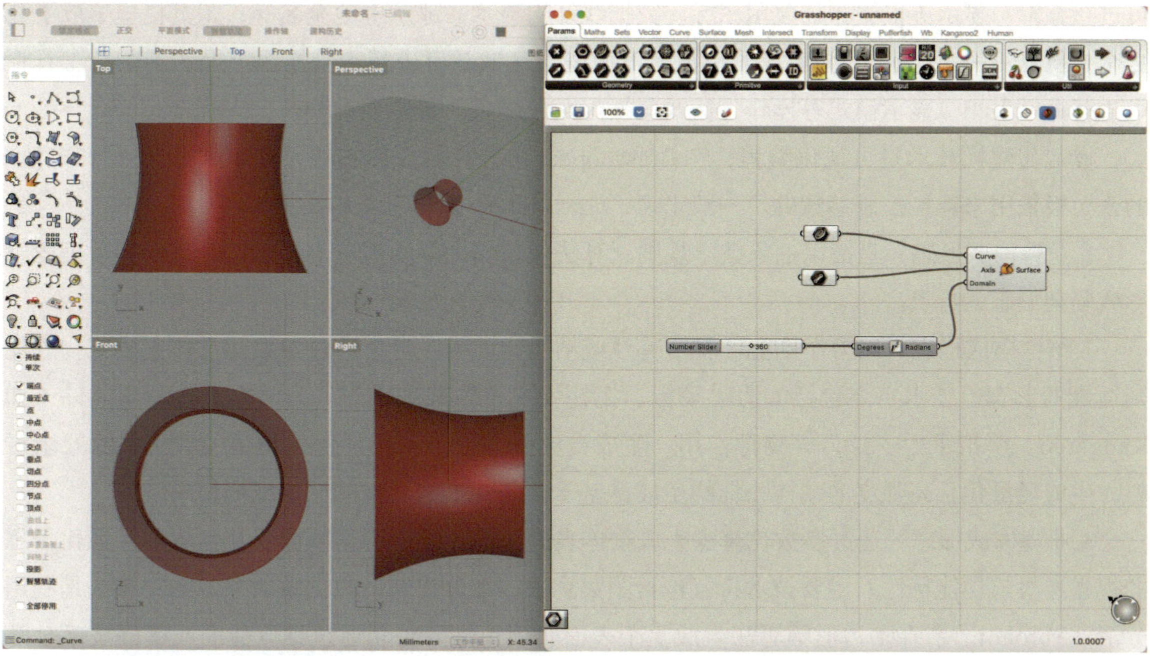

图2-4-12　Grasshopper界面（2024）

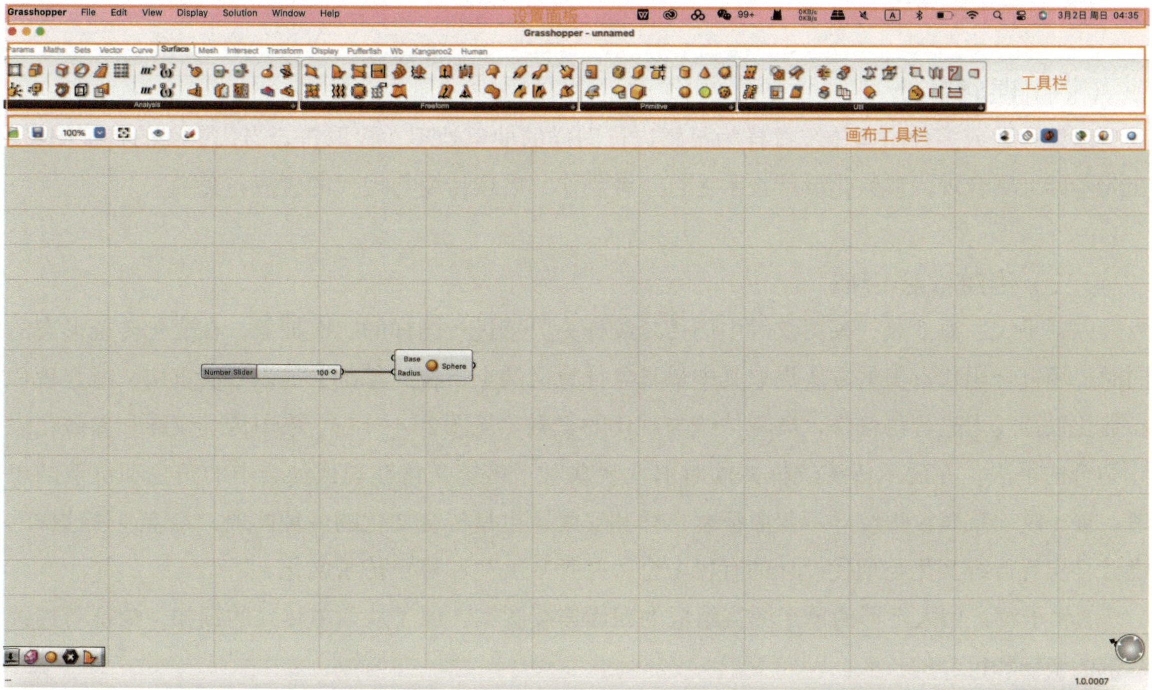

图2-4-13　Grasshopper操作界面布局（2024）

可进行编辑、显示等设置，如显示图标、数据线结构显示、显示电池全名等；工具栏里集成了几百个运算器——“电池”，将运算器拖拽至下面编辑区域，可进行逻辑连线等操作；画布工具栏可进行显示大小、显示模式等操作，模式包括隐藏、线条、着色显示等。

参数化建模技术是可视化编程，在Grasshopper中，我们俗称它的元件为“小电池”“电池”的正负极是用来连接控制参数的。一般来说，Grasshopper建模有三种类型。

1.逻辑构成形态：是指以抽象数学规则、算法或数据为驱动塑造的形态，具有强调数理逻辑形成复杂形态的特点。

2.结构构成形态：以力学性能、材料特性或结构构成为主导，通过参数化方法生成与物理规则适配的形态，技术特点包括如力学模拟、拓扑优化、框架生成等。力学模拟是利用插件（如Kangaroo）模拟重力、拉力等物理作用，生成自然受力形态；拓扑优化是通过算法移除冗余材料，生成轻量化且高强度的结构；框架生成是基于几何规则构建空间网格或框架系统。

3.肌理构成形态：通过参数化算法生成物体表面纹理、细分图案或微观几何图形，强化形态的视觉层次与功能特性。主要技术特征包括图案算法、细分控制、数据映射等。图案算法是利用分形、Voronoi、泰森多边形等算法生成复杂表面肌理；细分控制通过细分曲面或镶嵌技术分解形态为可调控的单元模块；数据映射将环境数据映射为肌理密度或形态变化。

四、实践程序

（一）课题解读

以某一种或多种中国传统纹样为灵感进行图样的抽象处理，提取符合当代审美的特征图案，在此基础上融合现代参数化设计技术进行三维创作，展现传统与现代的碰撞与交融。

（二）传统纹样调研

以锁子纹、海浪纹、茱萸纹等中国传统纹样为灵感进行图样的二次抽象，在变化传统形态的同时，用符合当代审美的方法提取其中最具象征意义的点，在此基础上加以二次重构，融合现代参数化设计技术进行再创作，展现传统与现代的交融（见图2-4-14）。采用传统纹样和参数化设计结合的手法，在展示传统纹样的同时引发观众对于传统文化在现代社会中的角色和价值的思考。锁子纹、茱萸纹等纹样不仅象征着吉祥和安康，更是传统文化的一种体现。希望通过这样的设计，实现传统文化与现代设计的有机融合，并呼吁关注和尊重传统文化。

1.锁子纹：由人字形的单个图案组成的四面连续图案，源于从西方传入的锁扣，象征着连续纽带的坚韧和世界的长久。

2.海浪纹：由自然元素的海水、浪花等图形组成纹样。波涛翻滚的海水中立有山石宝物，包

图2-4-14　锁子纹、海浪纹、茱萸纹（2024）

含绵延不断的吉祥含义。

3.茱萸纹：山茱萸是一种乔木，《风俗通义》云“九月九日，俗此日折茱萸以插之，云淬除恶气，而初寒”。寓意吉祥，有庆贺长寿之意。

（三）设计概念方案

设计一款配饰，灵感来源于古代纹样锁子纹，该纹由人字形的单个图案组成的四面连续图案，象征着连续纽带的坚韧和长久。以此为造型基础，融合现代参数化设计进行镂空、扭曲、加厚等处理，实现纹样的二维转三维再设计，打造传统与现代融合的配饰，焕发传统文化的勃勃生机。

（四）参数化建模步骤

建模使用犀牛软件的Grasshopper平台。运行犀牛软件后，在搜索框输入Grasshopper，即运行该平台。从细分工具里找出“创建细分平面”命令，建立一个“4×4”的平面（见图2-4-15）。

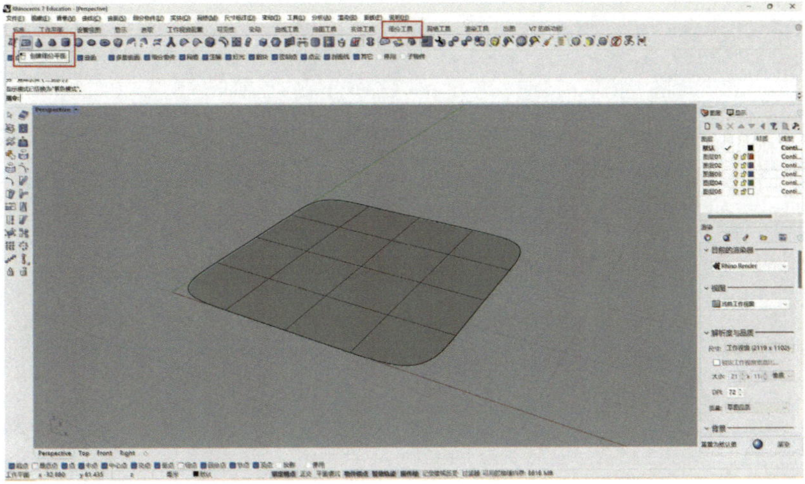

图2-4-15　创建细分平面（2024）

复制一个平面后，在细分工具里找到“选取过滤器：网格面”命令，选取两个网格面（见图2-4-16）。

在细分工具里找到“桥接网格或细分”命令进行桥接（见图2-4-17）。

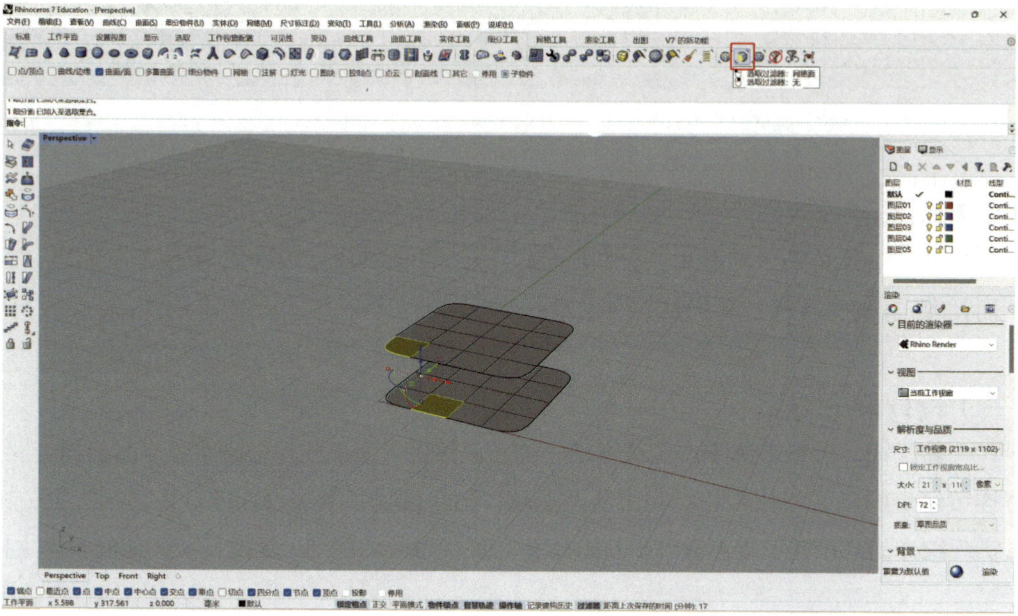

图2-4-16　选取网格面（2024）

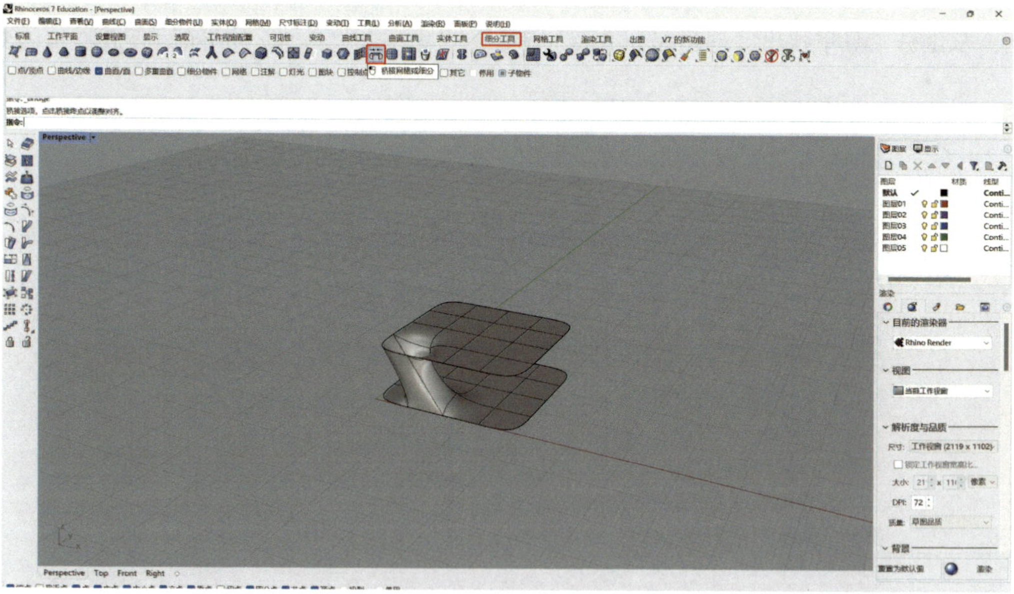

图2-4-17　桥接网格或细分（2024）

按照上述步骤，选取不同的网格面依次建立桥接（见图2-4-18）。

再次复制平面进行上述相同操作后，选取一定数量的外部网格面后，删除这些面，得到曲面立体形状（见图2-4-19、图2-4-20）。

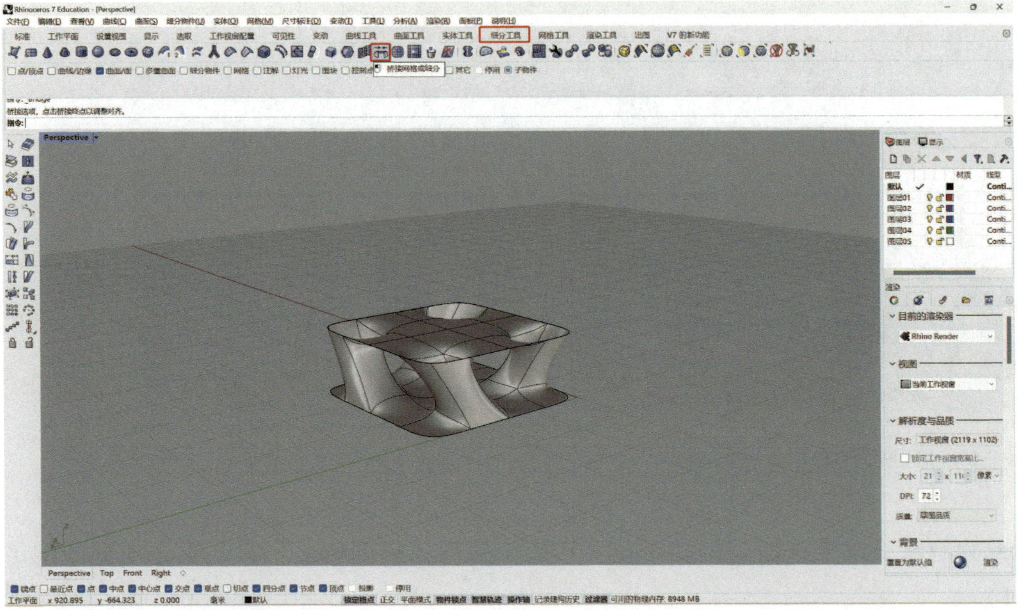

图2-4-18　依次建立桥接（2024）

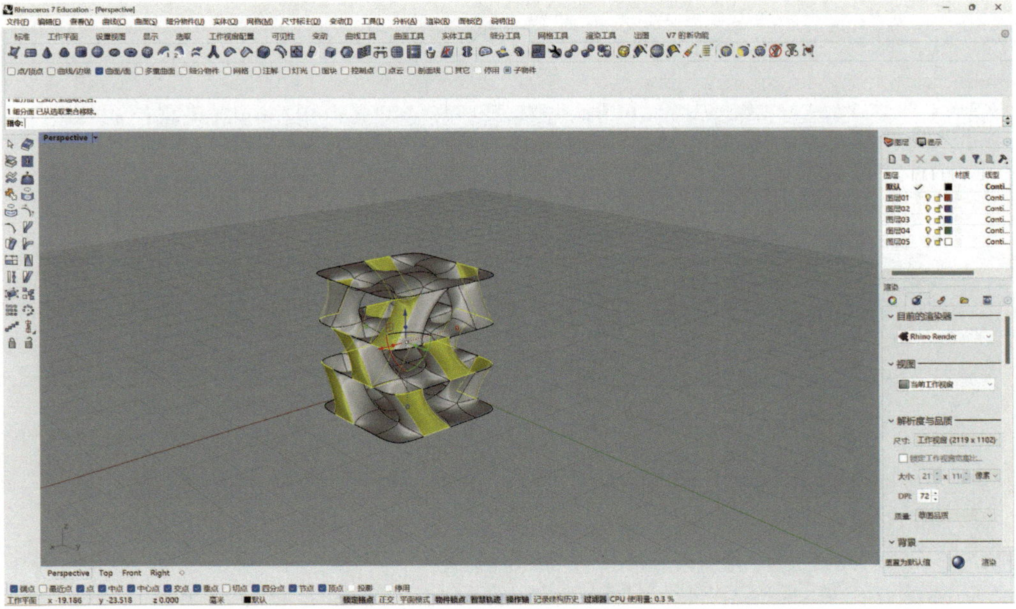

图2-4-19　复制平面进行桥接（2024）

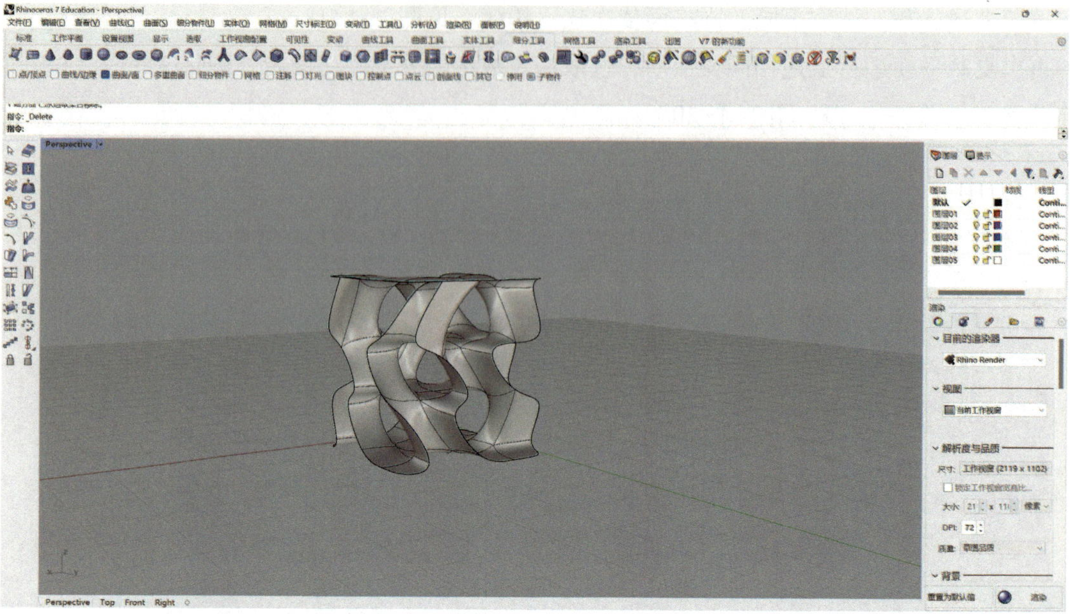

图2-4-20　得到曲面立体形状（2024）

以此为原理，改变平面间的相对位置和大小关系，得到弯曲形状的立体项链造型（见图2-4-21）。

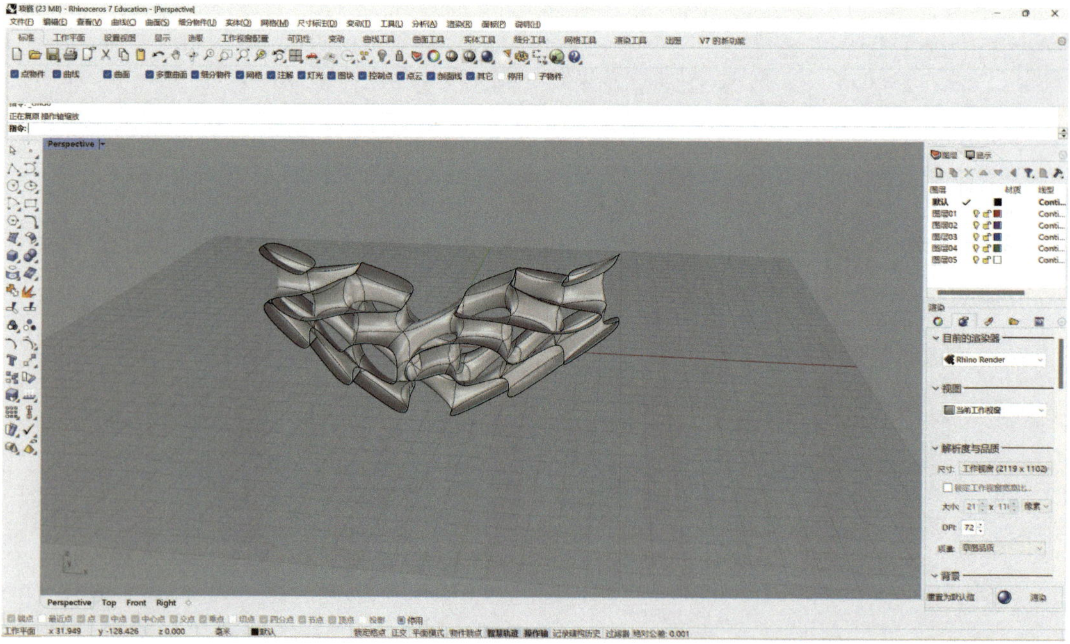

图2-4-21　改变平面间的相对位置和大小关系（2024）

打开Grasshopper，在Params中找到“SubD”命令，右击拾取犀牛中建立的模型（见图2-4-22）。

在Params中找到“Mesh”命令并连线，转为网格模式（见图2-4-23）。

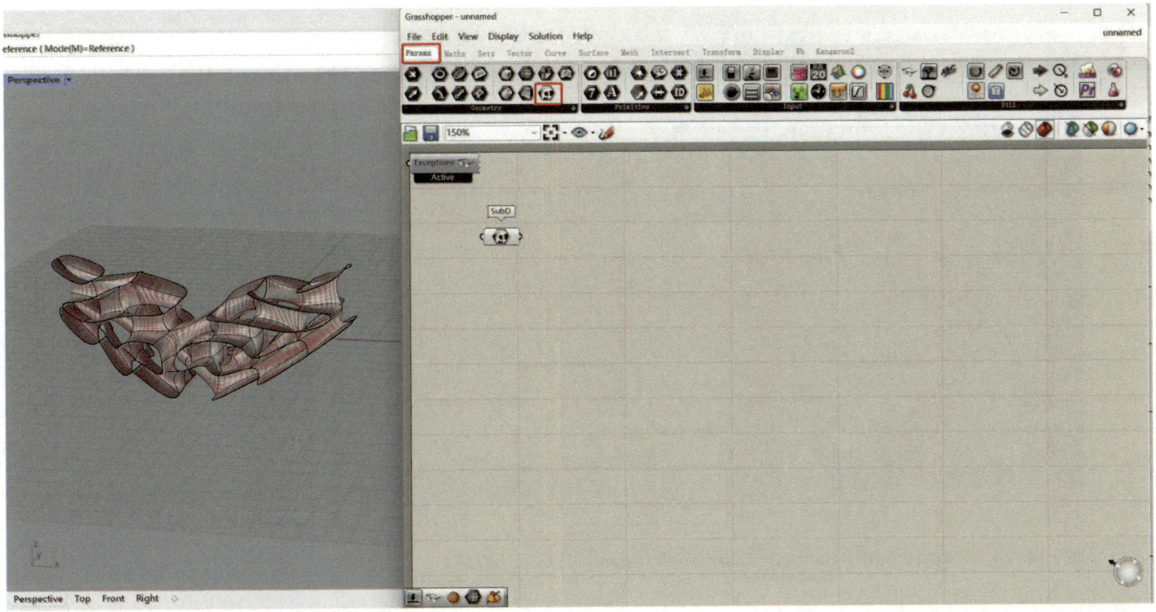

图2-4-22 “SubD”命令拾取模型（2024）

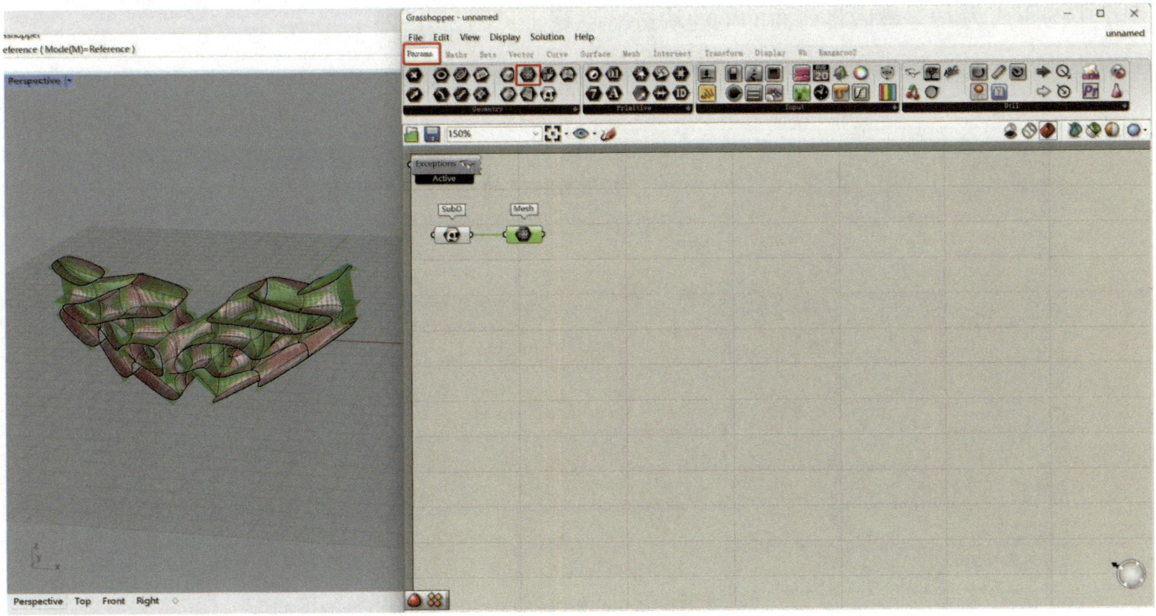

图2-4-23 “Mesh”命令转网格模式（2024）

为了将网格模式转换为圆滑模式，借用插件Weaverbird里的“Weaverbird's Catmull-Clark Subdivision”命令进行圆滑细分并添加细分次数，例子中的次数为三次（见图2-4-24）。

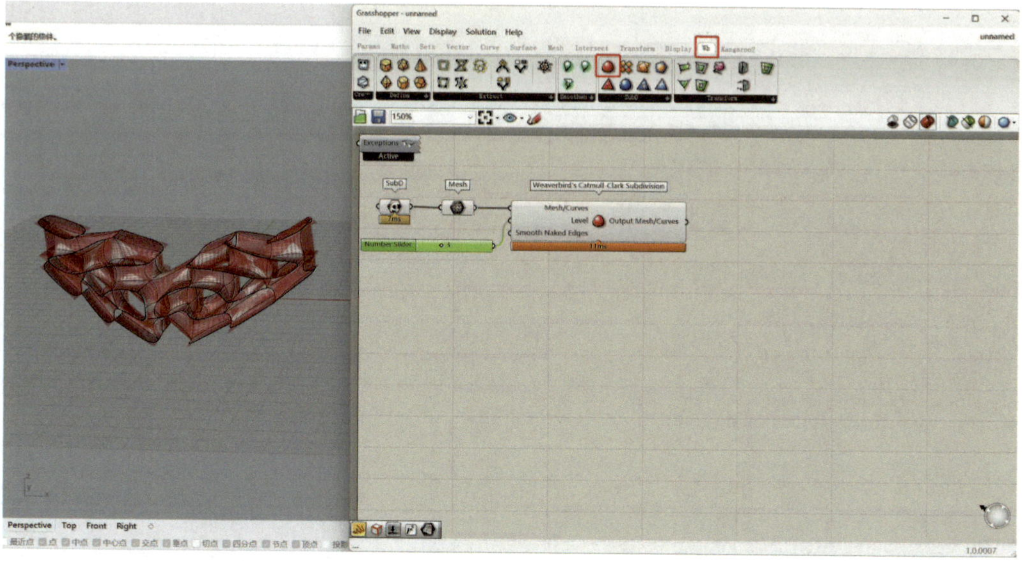

图2-4-24 “Weaverbird's Catmull-Clark Subdivision”命令1（2024）

选用插件Weaverbird里的“Weaverbird's Picture Frame”命令进行开洞，选取合适的距离，例子中的距离为19，最后将前面的电池块进行隐藏（见图2-4-25）。

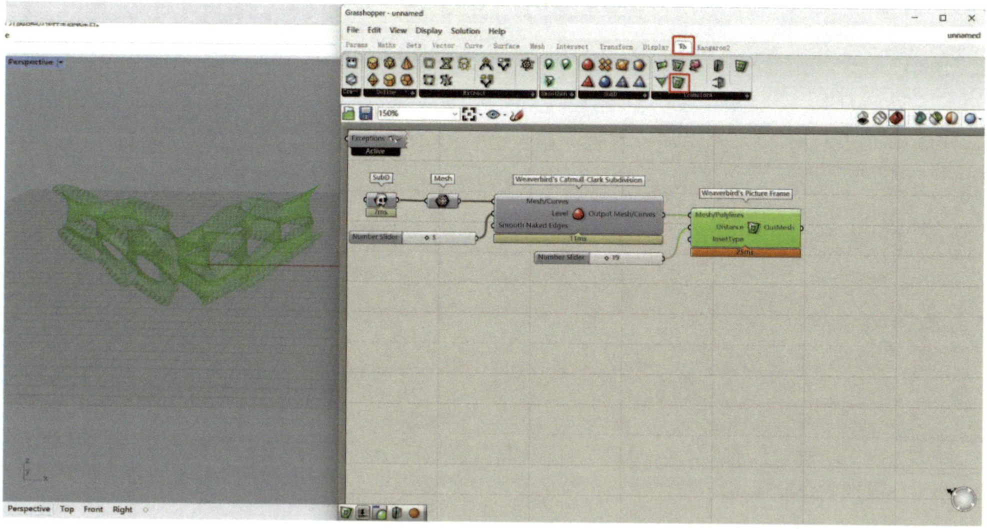

图2-4-25 “Weaverbird's Picture Frame”插件（2024）

选用插件Weaverbird里的“Weaverbird's Mesh Thicken”命令进行加厚，选取合适的距离，例子中的距离为1（见图2-4-26）。

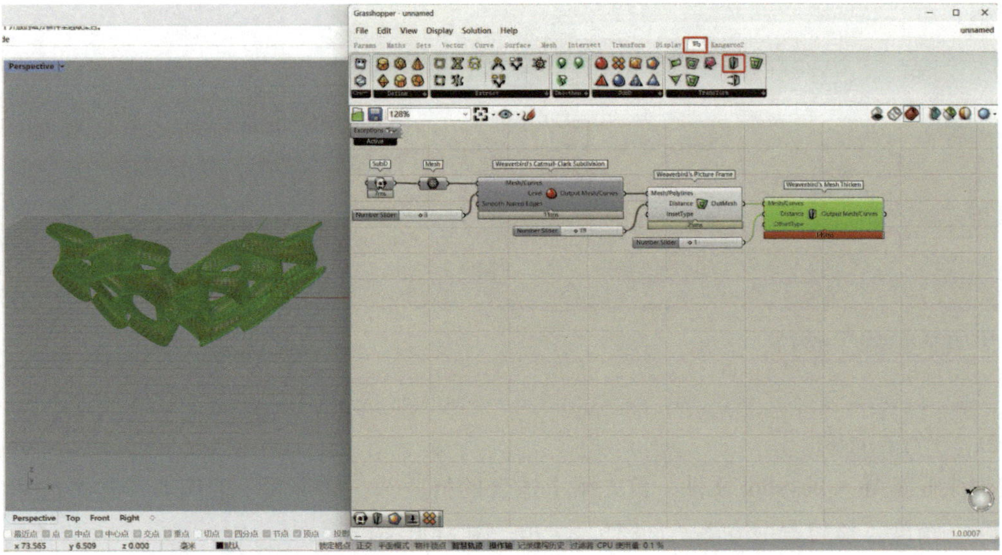

图2-4-26 “Weaverbird's Mesh Thicken”命令2（2024）

右击“Weaverbird's Mesh Thicken”电池进行Bake。在犀牛中利用“管子”工具为项链坠加上项圈（见图2-4-27）。

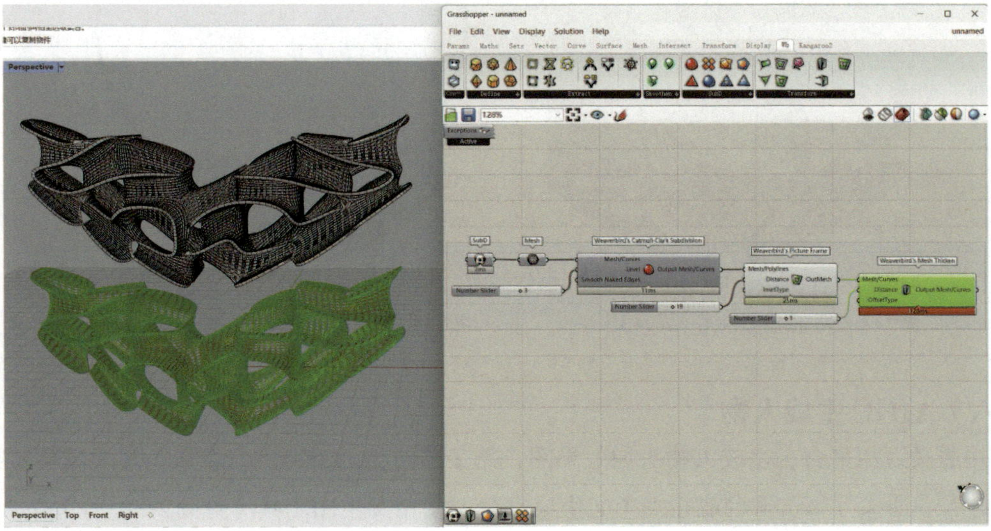

图2-4-27 “Weaverbird's Mesh Thicken”电池（2024）

下图为该设计方案的电池组连接（见图2-4-28）。

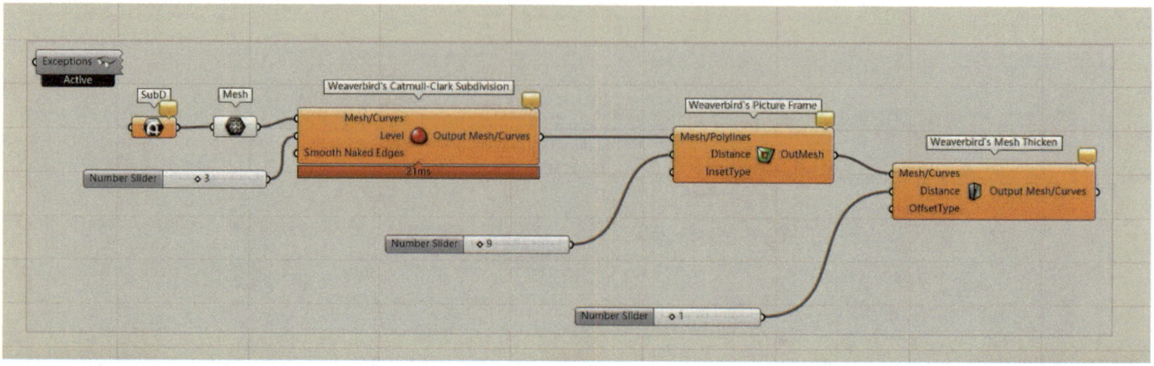

图2-4-28　电池组连接（2024）

（五）产品渲染

将犀牛模型导入keyshot软件，首先附上适合的材质球，如金属、玻璃等，其次选择合适的场景光线、角度，最后点击渲染（见图2-4-29、图2-4-30）。

图2-4-29　白模渲染图（2024）

图2-4-30　金属材质渲染图（2024）

（六）AIGC生成人物

使用通义万相平台，生成人物头像效果图，用于与渲染的首饰进行合成，形成佩戴效果图。

1.进入“通义万相”平台或相关中文生成平台，使用文生图工具（见图2-4-31）。

2.输入咒语，该咒语为“黑头发，白背景，女人”，可根据需要增加艺术风格、色调或图片质感等，如鲜艳色调、透明质感等。

3.选择网站自带的风格或形象或自行选择，若选择自带风格，需调整“微调强度”，数值越大，图片的风格越浓烈。

4.在底部选择适合的图片比例，1：1为正方形图片，适合人像图片；16：9为横屏图片，适合风景大片；9：16为竖屏图片，适合全身照。

5.点击生成（见图2-4-32）。

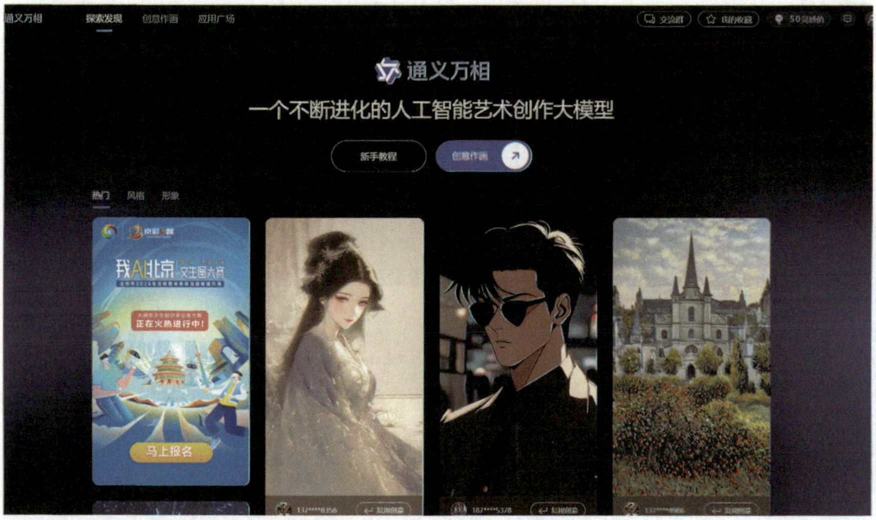

图2-4-31　通义万相首页（2024）

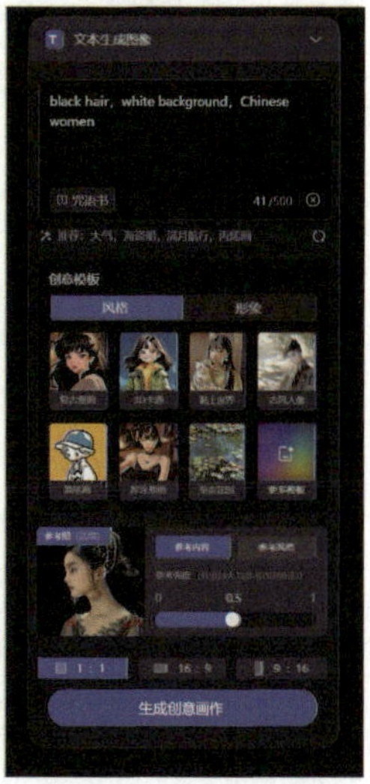

图2-4-32　通义万相生成设置（2024）

可选择其中较为满意的一张继续生成相似图（见图2-4-33至图2-4-35）。

图2-4-33　生成结果（2024）

图2-4-34　生成相似图（2024）

对于一些图片细节不满意可进行局部重绘（见图2-4-36）。

（七）合成佩戴效果图

使用AIGC生成的人物图片与Keyshot项链渲染图片进行佩戴效果图合成。首先，在Keyshot中导出png格式项链渲染图；其次，使用Photoshop将AIGC生成的人物图片、Keyshot项链渲染图片进行合成，调整到适当的位置和大小；再次，在Photoshop中，选中项链渲染图图层，使用编辑中的“变形”“透视”等工具调整项链的角度、透视；最后，在Photoshop中，为项链渲染图片添加阴影、光等细节（见图2-4-37）。

图2-4-35　生成相似图结果（2024）

图2-4-36　局部重绘（2024）

图2-4-37　佩戴效果图（2024）

（八）设计方案报告整理

设计师通过排版，将生成的内容，以及设计过程梳理为设计报告，包括但不限于封面、设计背景、传统图案研究、系统设计逻辑、参数化建模技术、方案展示等（见图2-4-38至图2-4-42）。

图2-4-38　参数化项链封面效果　燕幸果（2024）

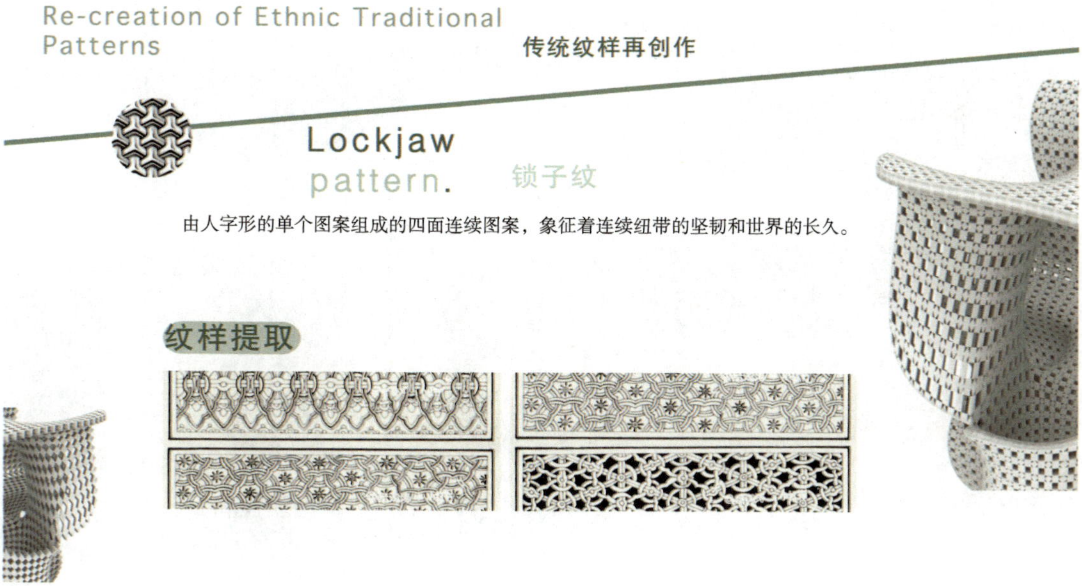

图2-4-39　参数化项链传统纹样研究　燕幸果（2024）

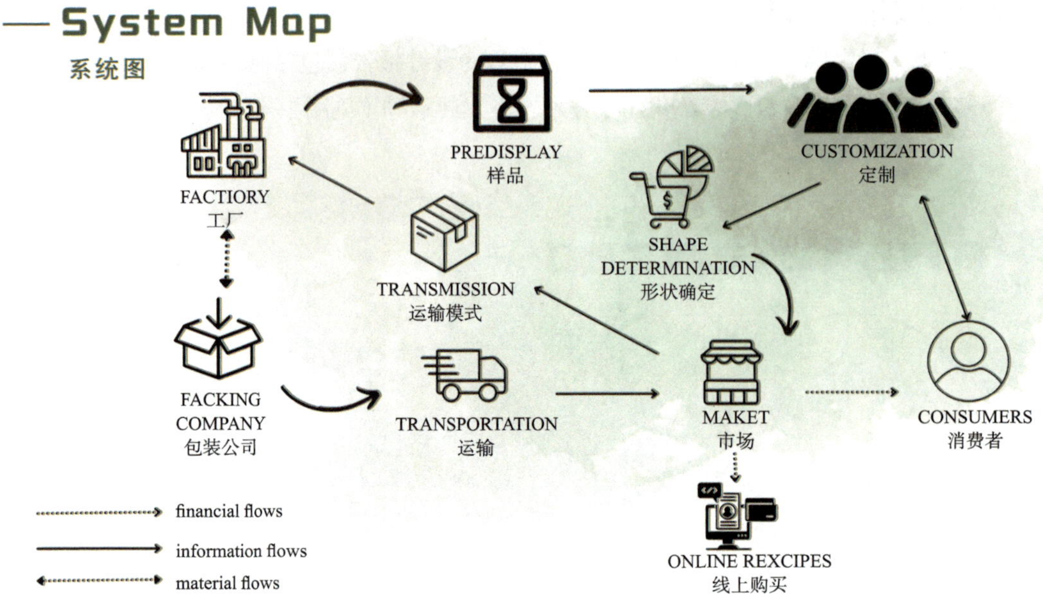

图2-4-40　参数化项链系统设计1　燕幸果1（2024）

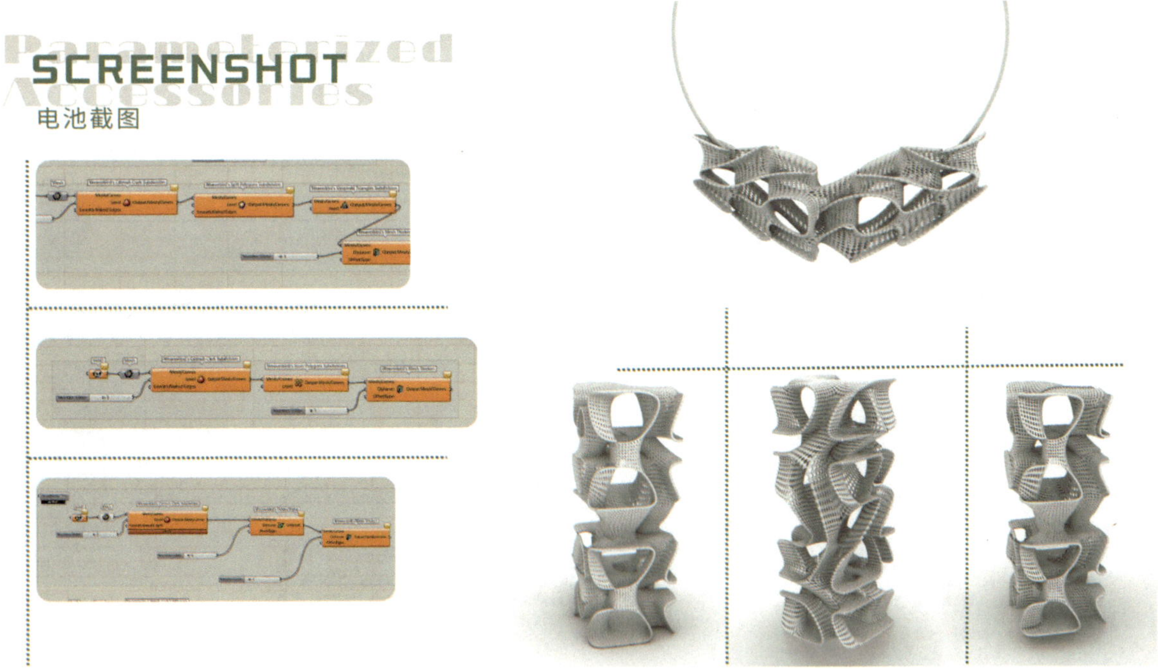

图2-4-41　参数化项链系统设计2　燕幸果2（2024）

Physical wear

实物展示

图2-4-42　参数化项链效果展示　燕幸果（2024）

1. 参数化茱萸纹耳饰

该方案基于参数化设计将用户个性化配饰偏好与中国传统文化的纹样相结合，以现代的设计风格为主调，选取传统茱萸纹理（茱萸纹的寓意吉祥，有庆贺长寿之意），通过流动的曲线形状体现出时尚感，创造出现代科技和传统纹理融合的创新配饰，充分展示主题的同时引发用户对于传统文化的思考。

在Grasshopper中使用Arc、Prep frames、Curve Closet Point、Line SDL、Point On Curve、Remap Numbers、Bounds、Construct Domain、Rotate、Series、Brep等电池组完成参数化建模（见图2-4-43至图2-4-45）。

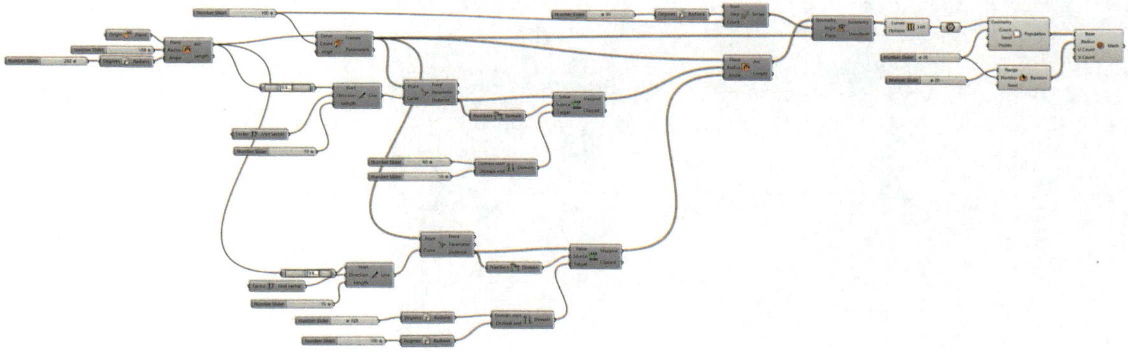

图2-4-43　电池组连接　田馨仪（2024）

图2-4-44　茱萸纹耳饰渲染图　田馨仪（2024）

图2-4-45　茱萸纹耳饰佩戴效果图　田馨仪（2024）

2. 参数化海浪纹耳饰

海浪纹耳环是一款融合了传统文化和现代时尚的精美首饰，它的设计灵感源自中国传统文化中对海浪的赞美和祝福，将海浪的优美线条和动感表现得淋漓尽致。这款耳环整体造型流畅自然，不仅展现了中国传统文化的魅力，还融入了现代时尚元素，使其成为一款兼具传统与时尚的精致首饰。

在Grasshopper中使用Circle、Divide curve、Horizontal frames、Π multiplication range、Cull index、Interpolate、Negative construct domain random、Move unit z series、Scale area graph mapper、Loft、Merge boundary、Populate geometry、Random mesh、Sphere custom preview等电池组完成参数化建模（见图2–4–46至图2–4–48）。

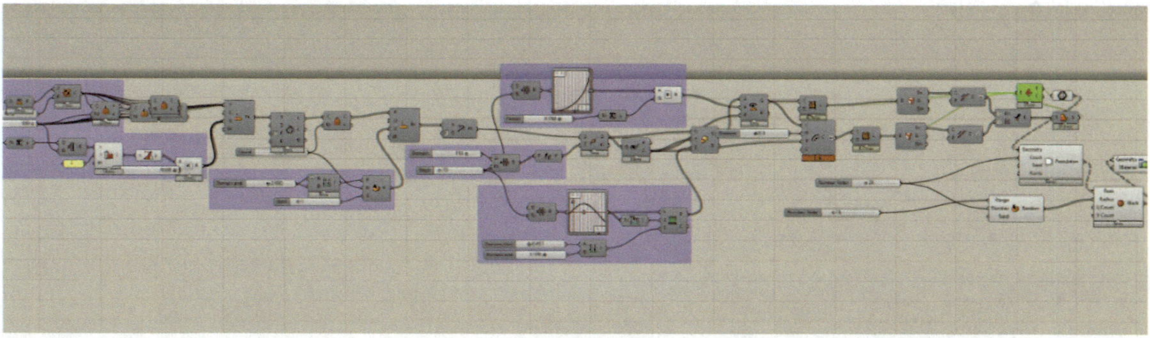

图2–4–46　电池组连接　隆舒（2024）

图2–4–47　海浪纹耳饰渲染图　隆舒（2024）

图2–4–48　海浪纹耳饰佩戴效果图　隆舒（2024）

3. 参数化江崖纹手环

设计灵感源自中国传统文化中寓意深远的海水江崖纹，又称寿山福海纹，象征长寿吉祥、福禄安康。通过现代参数化设计手法，将这一经典平面图案转化为三维可穿戴的艺术品。手环采用香槟色与白色珍珠作为主要材质，在色彩与质感上实现传统与现代的融合（见图2-4-49）。

图2-4-49　渲染图　王嘉怡（2024）

在Grasshopper中使用Plane、Circle、Perp Frames、Dispatch、Rectangle、Construct Domain、Negative、Tree Statistics、Random、Sort List、Rotate、Weave、Loft、Brep、Populate Geometry、Sphere等电池组完成参数化建模（见图2-4-50）。

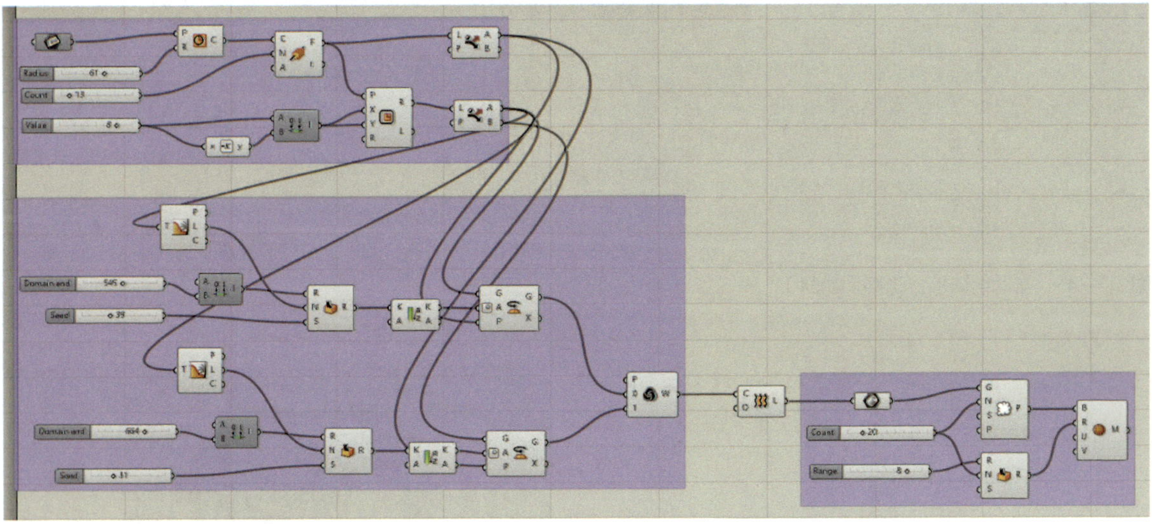

图2-4-50　电池组连接　王嘉怡（2024）

思考题

1. 参数化设计与AIGC生成设计的区别与联系是什么？

2. 参数化设计作为一种辅助技术，可以用于服饰设计的哪些方面？

3.AIGC技术能够怎样结合参数化设计进行作品创意？

第三章

案例与鉴赏

本章通过AIGC生成服饰设计、虚拟服饰设计、参数化设计及智能可穿戴设计等案例赏析，旨在提升读者的创新设计能力、技术应用能力和跨学科融合能力，这些技能有助于读者在现代服饰设计领域中脱颖而出，将创意转化为实用的前瞻性设计。

第一节　AIGC生成时尚设计案例赏析

本课程深入探讨AIGC在时尚设计领域的应用，涵盖时尚产品、空间及动态影像三大板块，汇集当下数字视觉先锋设计师及行业代表人物。全方位展示AIGC技术如何革新设计流程，提升创意表达，为时尚产业带来新机遇与挑战。

课程内容

1. AIGC在时尚产品、空间与动态影像设计中的应用概述。
2. 数字视觉先锋与行业代表的案例分析。

训练目标

1. 理解AIGC的基本原理及其在时尚设计中的多维度应用。
2. 掌握AIGC在产品、空间与影像设计中的具体实践方式。

重点与难点

1. 重点：AIGC在多场景时尚设计中的技术逻辑与创意表达。
2. 难点：如何平衡人工智能生成内容与设计师原创性之间的关系，以及AIGC工具的有效应用与审美判断。

一、AIGC生成时尚产品

在当今的时尚行业中，AIGC工具正迅速成为不可或缺的辅助手段。这些工具不仅加快了设计流程，还提高了设计的准确性和创新性。设计师开始探索如何利用AIGC技术来表达他们的设计理念，以及如何将这些理念转化为多维数字时尚产品。AIGC技术通过分析大量的时尚数据和趋势，为设计师提供关于颜色、剪裁、图案和材质等方面的建议。这种基于数据的洞察帮助设计师快速构建设计方案，并做出更加精准的决策。例如，在使用AIGC工具时，设计师可以输入特定的风格或主题，系统便会生成与所选主题相匹配的设计草图和色彩搭配方案。此外，AIGC技术还可以模拟不同的面料纹理和服装动态效果，让设计师在设计过程中能够直观地看到成品的样子。这不仅提升了设计的可视化水平，还减少了样品的制作次数，节约了成本和时间。AIGC技术正在改变时尚行业的设计方式，它为设计师提供了一个强大的工具，帮助他们更快且更准确地将创意转化为现实。

（一）物质骨骼——海洋赋

中央美术学院设计学院讲师、时装设计方向召集人余一萌于中国国际时装周发布全AI流程数字时尚影片物质骨骼——海洋赋，并荣登2024秋冬中国国际时装周星光之夜时尚星光榜，被授予数字时尚设计师荣誉奖项（见图3-1-1）。该作品源于对海底未知力量与自然生长规律的想象与重绘，采用全AI设计与制作流程，将浩瀚壮阔的海洋画卷转译为复杂有机的身体穿戴物，以穿戴物为媒介，使得抽象物质在数字空间中呈现出自发的有序性，响应人体，与人体进行交互。该系列创作融汇了生命科学、算法设计与视觉艺术，以理性的人工智能设计机器赋能抽象艺术概念无形至有形的转化，赋构人机协作时代下的未来时尚景观。

图3-1-1　物质骨骼——海洋赋　余一萌（2024）

（二）云肩气韵——AIGC数字时尚产品

以中国云肩为灵感来源，通过数字博物馆收集大量历史资料，结合先进的LoRA模型训练技术，成功完成了中国传统服饰云肩的AIGC模型训练，并将训练好的模型嵌入Comfy UI工作流进行服饰产品设计。作品以丝绸朋克美学为核心，丝绸朋克（Silkpunk）由华裔作家刘宇昆提出，定义为“科幻与奇幻的融合，灵感来自东亚古典文化”，其技术词汇基于对东亚历史悠久的有机材料（如竹子、纸、丝绸）以及太平洋航海文化（如椰子、羽毛、珊瑚）的重新诠释。与赛博朋克中的压抑与反乌托邦氛围不同，丝绸朋克更注重优雅与生态友好，强调对自然与人类智慧的尊重。该作品将丝绸所象征的古老东方文明与朋克风格中的反叛精神巧妙融合，创造出一个既充满历史韵味又富有未来主义色彩的时尚世界（见图3-1-2）。设计师通过数字技术赋予云肩以全新的生命力，既保留了传统云肩的精致工艺与文化内涵，又融入了现代科技与未来主义的设计语言，展现了东方美学与未来科技的和谐共生。作品不仅是对中国传统服饰的数字化创新，更是对丝绸朋克美学的深度探索，旨在通过时尚设计传递对历史文化的尊重、对自然生态的关怀以及对未来世界的想象。

图3-1-2　云肩气韵　赵琴莉（2024）

（三）引梦燕

该作品以扎燕风筝的美学特征为核心研究对象，深入挖掘其形态、色彩、纹样及文化内涵，结合现代AIGC技术中的LoRA模型训练方法，生成具有独特风格与创新表达的服饰产品与概念影像，探索中国传统非遗技艺在当代时尚语境下的创新转化路径（见图3-1-3）。作品以“立春风筝大会”为叙事背景，构建了一个充满仪式感与想象力的场景：人们手持精心制作的扎燕风筝，将心中的愿望与祈福寄托于风筝之上，当风筝飞向广阔天空，祝福也随之升腾。风筝大会结束后，沾染了祝福的风筝布料被拆解并重新设计，转化为一件象征希望与梦想的风筝羽衣。这件羽衣不仅承载了春天的祝福与祈愿，更如同滋养大地的泥土，赋予穿着者无尽的希望与生命力，让每一个愿望在时光中悄然生长，生生不息。通过AIGC技术的全流程应用，作品不仅实现了扎燕风筝美学特征的数字化重构与时尚化表达，更以创新的设计语言诠释了传统非遗文化的当代价值，展现了科技与人文的深度融合，为非遗技艺的传承与创新提供了全新的可能性。

图3-1-3　引梦燕　陈佳怡（2024）

（四）刹那的存在者——AIGC大漆首饰设计

该作品以中国传统非遗大漆工艺为核心研究对象，通过构建大漆工艺的模型训练数据集，结合LoRA模型训练技术，探索大漆首饰设计的创新路径。作品通过不断调整模型参数与迭代优化，最终生成能够精准呈现大漆美学特征的配饰产品模型，将传统工艺与现代科技深度融合。设计灵感聚焦于春夏季节的过渡与自然生命的流动，通过色彩渐变、层次感材质以及流动元素的运用，捕捉时间流逝中的瞬间美感（见图3-1-4）。从清晨到傍晚的

图3-1-4　刹那的存在者　袁任泽（2024）

光线变化、花朵从含苞到盛开的生命历程，以及水滴、波纹、折射光等自然意象，都被转化为设计语言，赋予作品灵动而富有诗意的表达。大漆的深邃质感与流动形态相结合，既展现了传统工艺的厚重底蕴，又融入了现代设计的轻盈与流动感，呈现出“刹那的存在者”这一主题所蕴含的瞬间与永恒的交织。作品不仅是对大漆工艺的数字化创新尝试，更是对自然、时间与生命的深刻思考，通过首饰这一载体，将稍纵即逝的美感凝固为永恒，传递出对传统与现代、瞬间与永恒的独特诠释。

二、AIGC生成时尚空间

在传统时尚空间设计中，设计师往往需要掌握复杂的3D软件技能来进行设计模拟，这不仅技术难度大，而且耗时较长。然而，随着技术的发展，AIGC工具的出现极大地简化了这一过程，使得设计师能够更加轻松地呈现他们的创意和概念作品。AIGC工具能够自动生成高质量的3D模型和渲染图，极大地减少了手动建模的时间和工作量。设计师只需提供初步的设计概念和要求，AIGC工具就能基于这些信息快速生成相应的3D场景和模型。这样，设计师可以更多地专注于创意和概念的发展，而不是为烦琐的技术操作所困扰。此外，AIGC工具还具有强大的交互功能，可以在虚拟环境中实时调整设计元素，比如灯光、材质和布局等，使设计师能够直观地看到各种变化对整体设计的影响。这种即时反馈机制极大地提高了设计效率，并帮助设计师更好地把握空间设计的整体效果。AIGC工具的应用不仅提升了设计的效率和质量，也拓宽了设计师的创意空间，使得他们在面对时尚空间设计时能够更加自信和从容。

（一）亚美尼亚的AI艺术家（数字内容创作者）Joann

作为数字内容创作者，Joann擅长运用AIGC技术为品牌赋能。她曾与多个知名品牌合作，包括Gucci（古驰）、Valentino（华伦天奴）、Versace（范思哲）和Marc Jacobs（马克·雅各布斯）等。其中，她为Gucci Ancora SS24时装周的数字广告活动创作的AI作品尤为引人注目。在这次合作中，Joann采用了超现实主义的场景来诠释Gucci Ancora SS24时装周的永恒安科拉红色调。她巧妙地将时尚、艺术和想象力融为一体，创作出令人惊艳的作品。这些作品不仅展现了Joann对于AIGC技术的精湛掌握，也体现了她对于时尚品牌的深刻理解和独特见解。通过运用AIGC技术，Joann能够快速生成高质量的图像和视频，为品牌提供创新的视觉体验。她的作品不仅具有高度的艺术性，还能够准确地传达品牌的核心价值和设计理念。这使得Joann成为众多知名品牌青睐的合作对象。

（二）穿梭·融合——胡同未来秀

来自中国青年数字设计师团队的创新力作《穿梭·融合——胡同未来秀》在2024年设计马拉松大赛中脱颖而出，斩获数字时尚工作坊金奖殊荣（见图3-1-5）。该作品以其独特的创意视

图3-1-5　穿梭·融合——胡同未来秀　李美洁、刘正一、杨寒冰、韩宝、尹博（2024）

角和精湛的数字技术，打造了一个突破时空界限的数字虚拟秀场空间，为观众呈现了一场震撼的视觉盛宴。秀场设计以北京胡同的环境特色为灵感源泉，巧妙运用先进的数字AIGC技术，精准复刻了胡同错落有致的空间布局与岁月沉淀的历史痕迹。设计师团队通过对砖墙肌理、瓦当纹样、门楼雕花等传统元素的数字化重构，将胡同的独特韵味完美呈现。同时，作品创新性地融入了高奢品牌的标志性配色与经典元素，通过数字技术的精妙处理，使这些时尚符号与胡同元素和谐共生。在虚拟光影技术的加持下，绚丽的光束穿梭于古老的胡同建筑之间，现代时尚服饰在光影交错中徐徐展现，每一帧画面都宛如精心雕琢的艺术品。作品既保留了胡同深厚的历史文化底蕴，又赋予了高奢品牌前所未有的未来科技感。观众通过沉浸式体验，仿佛置身于时空隧道之中，在传统与现代、过去与未来的交织中感受视觉与心灵的双重震撼。这场数字时尚秀不仅展现了设计师团队对传统文化的深刻理解与创新诠释，更彰显了中国青年设计师在国际时尚舞台上的卓越创造力与数字技术应用能力，为数字时代下的时尚设计开辟了新的可能性。

三、AIGC生成动态影像

在时尚界，AIGC技术的应用正在迅速改变着传统的视觉呈现方式。通过AIGC技术，设计师和创意人员能够快速生成高质量的时尚动态影像，为品牌带来前所未有的视觉体验。AIGC技术能够分析大量的时尚数据和趋势，自动生成与所选风格相匹配的动态影像。这些影像可以展示服装的细节、纹理和动态效果，让设计师在设计过程中能够直观地看到成品的样子。这不仅提升了设计的可视化水平，也减少了样品的制作次数，节约了时间和成本。

此外，AIGC技术还可以模拟不同的场景和氛围，为时尚品牌提供丰富和多元的视觉表现。例如，在一场虚拟时装秀中，AIGC技术可以生成与音乐、灯光和舞台效果相协调的动态影像，营造出独特的氛围和情感。

（一）《FEAR》数字时尚秀

《FEAR》作为一部数字时尚作品，由青年设计师团队主导创作，深刻反映了现代社会中女性所面临的日益复杂的压力与挑战。这些压力不仅来自外部环境，更源于内心深处的恐惧与不安，它们如同隐形的枷锁，束缚着女性的自我表达与成长。然而，设计师敏锐地捕捉到每一次恐惧的来袭并非终点，而是重生与蜕变的契机。基于这一洞察，本次AIGC时尚秀以“直面恐惧，勇敢绽放”为核心主题，通过前卫的解构风格与创新的设计语言，将女性从恐惧到勇气的转变过程具象化，赋予服装以情感表达与生命力（见图3-1-6）。每件作品都承载着对恐惧的回应——从最初的不安与彷徨到逐渐突破束缚，最终绽放出内在的力量与光芒。设计师通过大胆的剪裁、不对称的结构、富有张力的色彩搭配以及未来感的面料选择，将女性在内心挣扎中的蜕变过程视觉化，展现了她们在面对阴影时所释放的强大能量。这一选题不仅与品牌的未来主义与解构风格高度契合，更深入探讨了女性在心理与情感层面的成长与重生。时尚在这里超越了单纯的审美功能，成为勇气与力量的象征，激励女性直面内心的恐惧，勇敢地拥抱自我，绽放出独一无二的光彩。通过这一系列作品，设计师希望传递出一种信念：恐惧并非阻碍，而是通向自我突破的桥梁，而每一次直面恐惧的过程，都是女性力量的觉醒与升华。

（二）莳羽——AIGC概念影像

该作品以中国传统文化中的羽扇工艺为灵感来源，结合LoRA模型训练技术，构建了独特的垂类模型，通过AIGC全流程技术生成具有文化内涵与创新表达的时尚产品，并利用AIGC图生视频技术将静态概念图片动态化，最终形成完整的时尚概念影像（见图3－1－7）。作品以“莳”与“羽”为核心概念，分别寓意生机、热情与有始有终、自由，通过羽毛这一轻盈而富有象征意义的元素，传递出对自由与梦想的追求。羽毛虽常被用来形容轻巧与渺小，但其源自翱翔于天空的鸟类，承载着古人“希君生羽翼，一化北冥鱼”、“自能生羽翼，何必仰云梯”的浪漫想象，象征着超越束缚、遨游天地的理想与力量。作品通过将羽扇工艺的精致美学与现代科技相结合，赋予传统技艺全新的生命力，同时以动态影像的形式展现羽毛从静态到飞舞的转变，隐喻着从现实

图3－1－6 《FEAR》 梁舒婷、亢榕一鸣、高海波、戴蓉、钱美旭（2024）

图3－1－7 莳羽 邱锐（2024）

到理想的跨越。作品旨在激励人们勇敢追求内心的梦想，去探索想看的世界，最终实现自我，在传统与现代的交融中，探索文化传承与时尚创新的无限可能，传递出对自由、成长与自我实现的深刻思考。

（三）代码织物——传统服饰AIGC-COS秀

该作品主要针对中国民族服饰进行虚拟走秀影像设计，利用AIGC文生图与图生视频技术，打造全新的一场AIGC虚拟数字人物民族风尚走秀（见图3-1-8）。设计以"科技赋能传统，数字演绎时尚"为核心理念，聚焦中国民族服饰文化，突破传统走秀形式的空间限制，以数字化手段呈现民族服饰的独特魅力，推动传统文化与现代科技的深度融合，为观众带来一场视觉与文化的双重盛宴。作品运用AIGC文生图技术，根据民族服饰的文字描述自动生成高清精美的服饰图像，为虚拟走秀提供丰富的素材库。同时基于生成的服饰图像，利用AIGC图生视频技术构建虚拟数字人模型，并驱动其进行走秀表演，实现从静态图像到动态视频的转化。作品通过虚拟场景与数字人的结合，营造出沉浸式的观秀体验，让观众仿佛置身于民族文化的历史长河中，感受民族服饰的演变与发展。将民族服饰元素与现代时尚风格相结合，探索传统与现代、东方与西方的文化碰撞，展现民族服饰的无限可能，为传统文化注入新的活力。

图3-1-8　代码织物　王涛（2024）

（四）Arata Fukoe AIGC MV

日本导演Arata Fukoe在2024年通过社交媒体发布了一部由AIGC技术制作的音乐视频（MV），这部作品一经发布便引起了广泛关注。这部MV不仅展示了如何利用多种AI工具来创建满足市场需求的时尚影像，还提供了一种全新的应用视角与叙事逻辑。

在这部MV的创作过程中，Arata Fukoe运用了多种先进的AI工具来完成从图像生成到视频编辑的各个环节。具体来说，他使用了Midjourney和Stable Diffusion这两种强大的图像生成工具来创建MV中的视觉元素。这两种工具以其高度逼真的图像生成能力和灵活的风格转换功能，为MV带来了丰富多彩的视觉效果。视频生成方面，则采用了DreamMachine、Runway Gen-3以及可灵大模型。这些工具不仅可以帮助生成高质量的视频片段，还能够根据特定的要求调整视频的风格和氛围，确保最终作品能够达到预期的艺术效果。视频内的音乐是由ChatGPT和Suno AI生成的，这两款工具在音乐创作领域的应用显示了AI在声音设计方面的潜力，它们能够根据MV的情感基调自动创作出合适的背景音乐。在后期制作阶段，Arata Fukoe使用了Adobe Photoshop和Adobe After Effects对生成的图像和视频进行了精细地编辑处理。这两个行业标准的软件不仅帮助完善了MV的整体视觉效果，还使得图像与视频之间的过渡更加自然流畅。整个创作过程展示了如何将不同类型的AI工具有效地结合起来，形成一套完整的工作流程，从而创造出具有商业价值的艺术作品。这种集成式的创作方法不仅提高了工作效率，还拓展了创意的可能性，使得创作者能够更加专注于内容本身，而不必受技术限制。（见图3-1-9）

图3-1-9　Arata Fukoe AIGC MV（2024）

Arata Fukoe的这次实践无疑为其他创作者提供了一个很好的示范案例，表明通过合理利用现有的AI技术，即便是个人也能完成以前只能由大型团队完成的工作。随着AI技术的不断发展和完善，我们可以预见，在不久的将来，会有更多这样融合了传统艺术与现代科技的作品出现在公众视野中，推动艺术创作进入一个全新的时代。

思考题

1.探讨AIGC技术如何改变传统的设计流程。AIGC在时尚设计中的运用是否增加了创意的广度和深度？

2.AIGC在未来的时尚设计行业中可能面临的挑战有哪些？这项技术未来的发展方向是什么？

第二节 虚拟服饰设计案例赏析

本课程聚焦虚拟服饰设计案例赏析，涵盖虚拟仿真、沉浸式体验和参数化设计三大板块。从三星堆服饰创新设计VR项目、北京中轴线天坛与万宁桥服饰设计体验，到参数化戏曲服装交互设计、运动鞋参数化设计及首饰生成系统，讲解了虚拟技术在服饰设计中的创新应用，探索数字化时代服饰文化的传承与发展新路径。

课程内容

1.虚拟服饰设计在仿真、沉浸式体验与参数化设计中的应用探索。

2.虚拟技术助力服饰文化传承与创新的路径分析。

训练目标

1.理解虚拟仿真与参数化技术在服饰设计中的基本原理与应用方式。

2.思考数字时代如何通过虚拟设计手段传承与发展传统服饰文化。

重点与难点

1.重点：虚拟仿真、沉浸体验与参数化设计如何提升服饰创意表达与文化价值。

2.难点：虚拟设计工具与传统文化语境的融合策略，以及参数化思维在服饰设计中的实际操作能力。

一、虚拟仿真：服饰工艺传承

在数字化浪潮的推动下，传统服饰工艺的传承迎来了前所未有的革新。虚拟仿真技术（VR）作为一种前沿科技手段，正逐步渗透并重塑这一领域，为古老技艺的传播开辟了全新的路径。以往，传统服饰工艺的学习与传承高度依赖于师傅与学徒之间面对面的传授，这种模式不仅受限于地域、时间，也难以大规模复制推广。而今，VR技术的引入打破了这些固有局限，为全球范围内的爱好者和学习者提供了一扇通往传统服饰工艺宝库的大门。

通过虚拟现实环境，用户可以身临其境地“走进”古代织房、绣坊，亲眼见证复杂精妙的刺绣、织锦过程。三维建模与互动设计让每一线条、每一针脚都栩栩如生，触手可及。学习者可以在虚拟导师的指导下，模拟操作古老的织机、尝试各种针法，这种沉浸式的学习方式极大地增强了学习的趣味性和实效性。即便是最为精细的手工技艺，也能在无数次的虚拟实践中被逐渐掌握。VR技术还允许用户跨越时空限制，体验不同历史时期、不同民族的服饰文化。这不仅促进了文化的交流互鉴，还为传统服饰工艺的保护与创新提供了无限可能。VR技术的应用降低了学习成本，使得更多人有机会接触并爱上这些宝贵的文化遗产，为传统服饰工艺的传承注入了新的活力。

三星堆服饰创新设计VR项目：三星堆服饰创新设计VR项目是一次科技与古代文明碰撞的壮举，其巧妙地将古老的文化遗产与现代数字技术融合，为人们打开了通往古蜀文明的梦幻之门。该项目依托虚幻引擎的强大能力，精心构建了一个细致入微、栩栩如生的三星堆数字空间。在这个虚拟世界里，不仅重现了三星堆遗址的神秘氛围，还将失传已久的服饰工艺与设计理念赋予了新生。参与者戴上VR设备后，瞬间穿越至几千年前的古蜀王国，周围环绕着用黄金、玉石、青铜精心打造的三星堆风格的首饰。这些设计不仅仅是对历史文物的简单复刻，还结合了现代审美与创新思维的再创造。设计师巧妙地融入当代时尚元素，使传统服饰焕发出现代感，同时也保留了那份穿越时空的古朴韵味。

在这个沉浸式的虚拟场域中，观者不仅可以近距离观赏这些精美绝伦的饰品，还能亲手“触摸”和“穿戴”，体验它们在古代仪式或日常生活中扮演的角色。他们通过交互式体验，学习三星堆服饰背后的文化意义、工艺流程以及美学价值。比如，通过模拟制作一件金杖上的图案，理解其象征的权力与神圣；或是参与一场虚拟的祭祀典礼，穿上复原的古蜀服饰，感受那份庄严与神圣。该项目不仅为学术研究提供了新的视角，更是公众教育和文化传播的一次重大突破，让每个人都能成为三星堆文化传承与创新的亲历者（见图3-2-1）。三星堆服饰创新设计VR项目，正引领着我们以一种前所未有的方式探索和理解这份深埋于历史尘埃中的瑰宝，让古老的文化遗产在数

图3-2-1　三星堆服饰创新项目　北服设计团队（2023）

字时代焕发出新的光芒。

二、沉浸式体验：服饰文化传播

沉浸式体验作为一种新兴的文化传播形式，正深刻改变人们接触和理解传统文化的方式。尤其在中国传统服饰文化的传播上，它通过虚拟数字技术，构建起一个既真实又超越现实的互动场景，让观者能够全方位、多感官地沉浸在千年的服饰美学与精湛工艺之中。借助先进的3D建模、动态捕捉以及高分辨率渲染技术，传统服饰的每一处细节——从云肩的流云纹样到龙袍的金线刺绣，都被细腻地复原并加以艺术化的展现。观众不仅能“亲眼”见到这些服饰的华美，还能通过手势控制等交互方式，亲手触摸那些细腻的纹理，甚至“试穿”不同的朝代服饰，体验不同历史时期的服饰风格与文化背景，实现从视觉到心灵的深度共鸣。沉浸式体验还为传统服饰文化的国际传播搭建了桥梁。通过网络平台与数字展览，世界各地的人们无须远行即可“走进”中国的历史长河，感受华夏衣冠的魅力。这种创新传播方式不仅促进了文化的交流互鉴，还为传统服饰文化的传承与发展开辟了更广阔的空间

（一）北京中轴线天坛服饰设计

北京中轴线天坛服饰设计项目是一次深入挖掘并重新诠释传统文化精髓的视觉盛宴（见图3-2-2至图3-2-5）。通过采用先进的STYLE3D服装仿真模拟技术，设计师能够精准地捕捉到传统服饰的每一个细节，并在此基础上融入现代审美理念，创造出既尊重历史又不失时尚感的全新

图3-2-2　北京中轴线天坛人物设定　北服设计团队（2023）

图3-2-3　北京中轴线天坛人物妆容设计　北服设计团队（2023）

图3-2-4　北京中轴线天坛空间设计　北服设计团队（2023）

图3-2-5　北京中轴线天坛影像叙事　北服设计团队（2023）

作品。在设计过程中，设计师首先深入研究了天坛作为明清两代皇家祭天场所的服饰文化，提取了诸如云龙纹、瑞兽图腾、吉祥花卉等经典元素，并运用Style3D软件进行三维建模，使这些传统图案在虚拟服装上活灵活现，既保留了古朴韵味，又通过立体效果展现出新的生命力。服饰的材质、色彩搭配以及裁剪结构都在技术的支持下得以精确模拟，实现了设计意图与实际效果的高度统一。项目还涵盖了人物的整体造型设计，包括妆容与配饰的选择，旨在通过全方位的视觉设计，构建一个既符合历史背景又能引发现代共鸣的形象。视觉设计方面，通过光影处理与色彩调和，营造出既符合天坛氛围又具有艺术张力的视觉效果，使整个项目不仅是一次服饰展示，更像是一部流动的视觉艺术作品，让观者在享受视觉盛宴的同时，也能深刻感受到中华传统服饰文化的博大精深与独特魅力。通过这样的创新尝试，北京中轴线天坛服饰设计项目不仅促进了传统文化的现代表达，还为传统服饰文化的传承与发展探索了新的可能。

（二）北京中轴线万宁桥服饰体验设计项目

北京中轴线万宁桥服饰体验设计项目借助前沿的数字技术，如3D建模与高级渲染技术，为传统服饰文化披上了时尚年轻的外衣，使之焕发新生。万宁桥作为中轴线上的一颗璀璨明珠，其深厚的历史底蕴成为此次设计的灵感源泉。设计团队以万宁桥周边的文化符号和自然景观为设计动机，提取如古桥石刻、流水波纹、四季变换中的植物色彩等元素，将其融入数字服装的设计中，创造出了既有古典意蕴又不失现代感的服饰系列。这些数字服装不仅仅是平面图案的堆砌，而且是通过高度精细的纹理设计和动态模拟，使得每一件服饰都能随着虚拟模特的动作自然飘逸，展现非凡的流动美感。在数字人设计上，项目团队突破性地打造了一系列具有个性特征的虚拟形象，他们不仅拥有各自独特的面部特征和体态，还被赋予了丰富的表情与动作，仿佛真实生活在数字世界中，他们穿着这些精心设计的数字服装，跨越时空界限，演绎着古老与未来的对话。此外，项目还特别注重互动体验，用户可以通过特定的数字平台，亲自为虚拟角色挑选服饰、设计造型，甚至参与虚拟的万宁桥文化活动，这种参与感极大地增强了传统文化的传播力与吸引力，让每一位参与者都能成为传统文化的传承者与创新者。北京中轴线万宁桥服饰体验设计项目不仅是一次对传统服饰文化的现代诠释，更是一场跨界的艺术实验，它利用数字技术的力量，让古老的文化遗产在新时代绽放异彩，促进了文化自信与创新精神的双重提升（见图3-2-6至图3-2-8）。

三、参数化设计：服饰未来制造

参数化和生成式设计利用数字创新和技术实现产品创新，使大规模制造更加便利，目前在建筑、时尚和工业设计各个领域处于领先地位。在计算机技术的帮助下，参数化和生成式设计可以转化为众多的设计可能性，包括生成结构特征、形态，从建筑乃至一件连衣裙，应用于各个领域，使其成为当今时代领先的设计方法之一。参数化设计在可视化表达中发挥着至关重要的作用，尤其是与3D打印技术的整合，从动态效果、加工制造等方面拓宽了设计边界。

（一）参数化戏曲服装交互设计

该作品将参数化建模运用到传统戏曲服装设计中，这种结合不仅能提升戏曲服装的实用性和艺术表现力，还能推动传统文化与现代技术的融合，带来多维度的创新和发展。一方面，参数化设计允许设计师通过调整参数，快速生成多种戏曲服装设计方案，这种方式能更好地满足不同剧目和角色的需求，实现个性化定制；另一方面，参数化结构结合了导电材质3D打印，形成柔性传感器，利用Touch Designer软件，设计交互界面，使服装能够跟随用户的动作改变，同样改变交互界

图3-2-6　北京中轴线万宁桥服饰妆容设计　北服设计团队（2023）

图3-2-7　北京中轴线万宁桥视频镜头设计　北服设计团队（2023）

图3-2-8　北京中轴线万宁桥视频镜头设计　北服设计团队（2023）

面中粒子服装的形态，为传统戏曲服装加入动态效果和互动设计，增强观众的视觉体验。将现代科技融入传统戏曲服装，参数化柔性传感交互界面设计可以实现传统文化与现代技术的有机结合，创造出具有时代特色的新型戏曲服装交互作品，吸引更多年轻观众的关注与喜爱（见图3-2-9、图3-2-10）。

（二）运动鞋参数化设计——环保+打印技术（SCRY）

SCRY是主理人魏子雄成立于2020年的品牌，品牌将中底与鞋面完全融为一体，打破了传统的鞋身结构设计，甚至是让鞋像植物一样“生长”，简化生产流程，从而实现真正意义上的个性化定制。魏子雄超前的参数化设计理念和风格，为SCRY赢得了不少球鞋品牌以及粉丝的关注。SCRY品牌首款鞋SCRY Shuttle正式发布，通过名为Digital Embryo的平台进行参数化鞋设计与制造，鞋身使用全新研发的高分子3D打印材料，球鞋的外形通过打印技术一体化成型。魏子雄使用数字化制造方法，一方面，优化了鞋制造流程，并减少了球鞋在生产过程中的浪费，从而达

图3-2-9　参数化戏曲服装　李齐若男、张帆（2024）

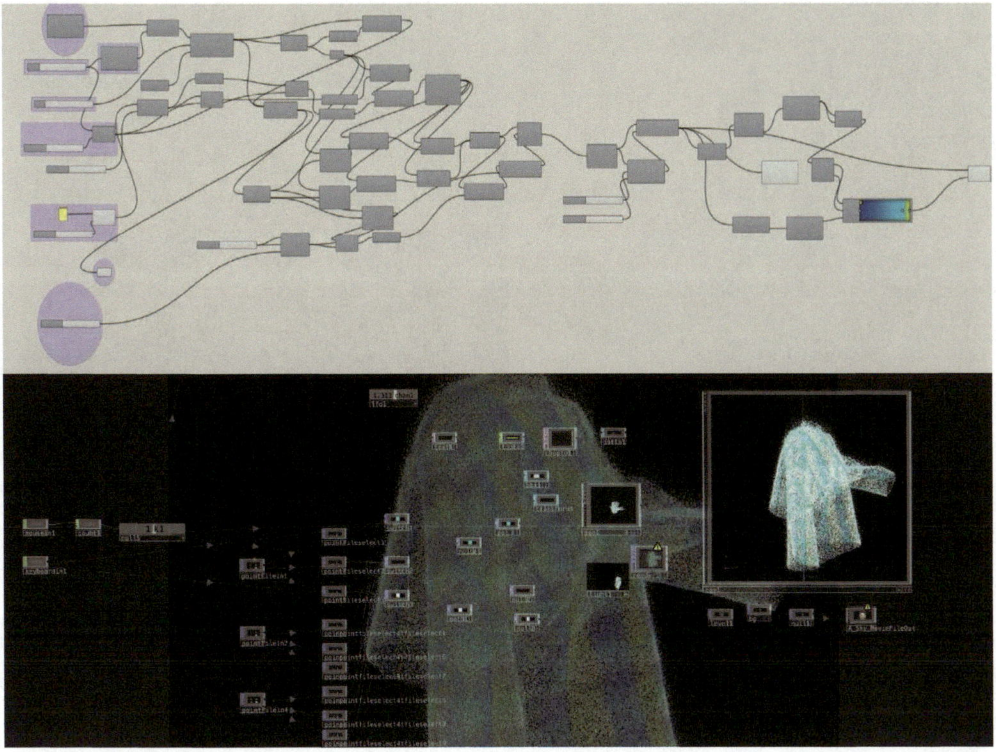

图3-2-10　参数化建模与Touch Designer交互设计　李齐若男、张帆（2024）

到可持续设计目的；另一方面从规模生产转变为规模定制，在鞋智能制造方面进行了有益尝试（见图3-2-11至图3-2-13）。

图3-2-11　SCRY Shuttle　魏子雄（2020）

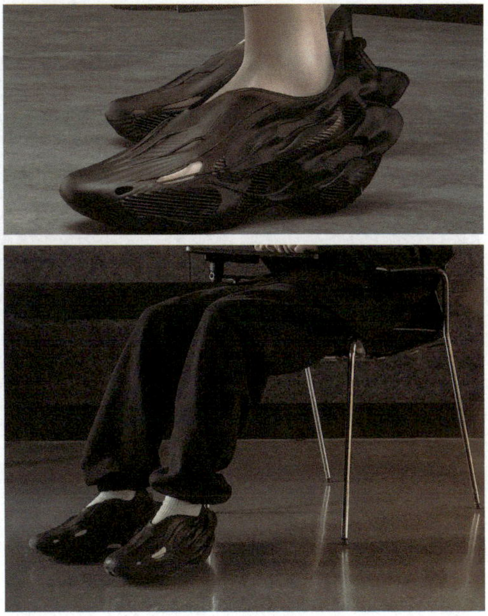

图3-2-12　SCRY Shuttle穿着效果　魏子雄（2020）

图3-2-13　球鞋设计与制造Embryo框架　魏子雄（2020）

（三）首饰生成系统

现今服饰产业正在进行着智能化升级，参数化设计作为一种新的媒介，冲击着高级定制、时尚配饰、艺术服饰等领域。其主要应用于服饰设计产业的三个阶段，分别为：智能参数化设计阶段、智能生产制造阶段、智能营销与用户服务阶段。其中，前两个阶段不仅改变趋同化的服饰产品造型，而且实现了用户高度个性化的设计。该设计基于参数化技术形成首饰生成系统，由北京服装学院团队设计完成。系统主要分为三个方向进行服饰参数化造型的智能生成，分别为：智能溶解造型生成、智能生长造型生成、智能拆分造型生成，实现符合身体美学的智能生成服饰产品设计（见图3-2-14至图3-2-16）。

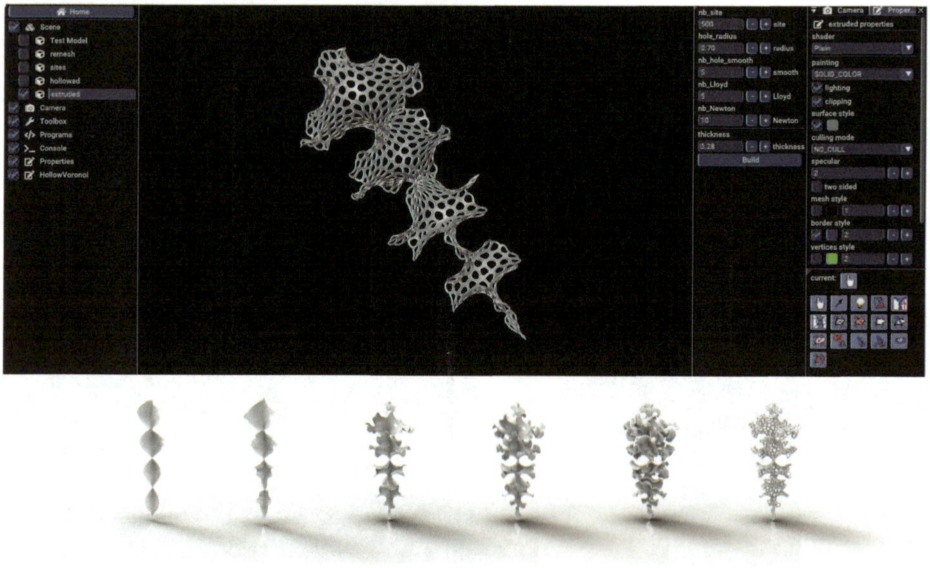

图3-2-14　参数化首饰生成平台　兰翠芹、钟奇等（2019）

图3-2-15　参数化首饰生成效果1　兰翠芹、钟奇等（2019）

图3-2-16　参数化首饰生成效果2　兰翠芹、钟奇等（2019）

思考题

1. 讨论虚拟服饰设计如何反映或影响当前的文化趋势。你认为未来虚拟服饰将如何发展其文化意义？

2. 虚拟服饰设计中，技术和艺术如何互相促进？请给出具体案例说明。

第三节　智能可穿戴服饰设计案例赏析

本课程深入剖析智能可穿戴服饰设计的前沿案例，涵盖智能织物、配饰及穿戴装备三大领域。从瑞典设计师马林·波贝克·塔达融合传统与科技的互动纺织品，到创新的FabricKeyboard音乐键盘，再到Behnaz Farahi探讨人与环境互动的智能配饰，以及Lechal智能鞋垫、SkinKit“纹身”工具包、ThermoFit智能支具和柔性结构康复助力外骨骼等设计，全方位展示了智能可穿戴技术在提升美学、实用性和互动性方面的突破。

课程内容

1. 智能可穿戴服饰设计的三大领域概述：智能织物、智能配饰、穿戴装备。
2. 典型前沿案例解析，如互动纺织、音乐织物、智能鞋垫与辅助设备设计。

训练目标

1. 理解智能可穿戴技术在服饰设计中的应用。
2. 能够通过案例学习理解电子元器件与服饰设计结合的逻辑及交互特性。

重点与难点

1. 重点：智能穿戴服饰设计的案例理解与分析。
2. 难点：传统工艺与智能科技的融合策略，及其在可穿戴设计中的实现路径。

一、智能织物

（一）马林·波贝克·塔达智能织物作品

马林·波贝克·塔达（Malin Bobeck Tadaa）是一位来自瑞典的纺织设计师，她的纺织艺术作品将传统技术与现代科技融合在一起，被称为“智能纺织品”。在她的作品中，她注重使用互动光纤和LED技术，创造出动态和多维的纺织品，这些作品不仅为观众提供了视觉上的享受，还能与观众进行互动。这种技术能够响应环境变化，例如根据光线、声音变化或观众的触摸来改变纺织品的颜色或光亮度（见图3-3-1、图3-3-2）。她的创新方法在纺织领域中属于前沿，完

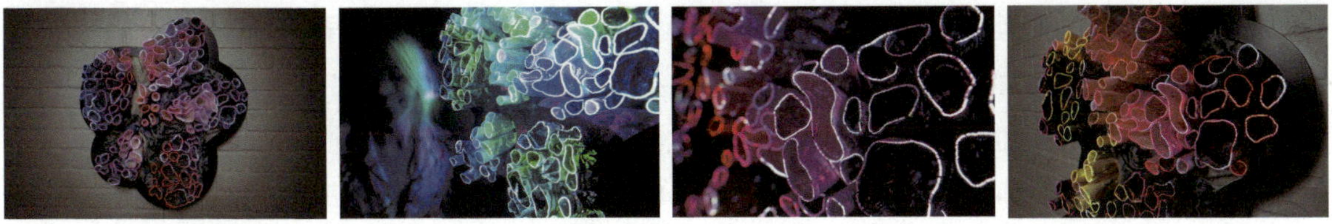

图3-3-1　智能织物作品1　Malin Bobeck Tadaa　瑞典（2017）

图3-3-2　智能织物作品2　Malin Bobeck Tadaa　瑞典（2017）

美地结合了传统纺织艺术与现代科技。她探索了纺织品作为互动介质的可能性，推动了纺织艺术和设计的界限。这种跨界合作不仅增强了纺织品的美学价值，还提升了其实用性和互动性。

（二）FabricKeyboard

FabricKeyboard是一个融合工程、设计、时尚和音乐的实验项目。FabricKeyboard使用新型物理交互介质传感器，并通过普通和智能纺织材料混合开发而成，是第一个采用织物形式的音乐键盘。基于团队的多层次设计，每个按键、块状织物及其延伸部分都可以同时检测触摸、靠近、按压、拉伸等交互动作，从而产出富有表现力和柔性可变形的音乐控制器（见图3-3-3）。

受纺织传感器的发展、织物可拉伸的特性，以及新型数字乐器的启发，团队设想了一种音乐织物界面，它具有与传统乐器相似的布局，允许使用传统敲击键盘的方式进行控制，以及通过接触织物（如按压、拉伸、扭转）和非接触手势（如悬停和挥手）实现独特的、丰富的物理交互控制。

图3-3-3　FabricKeyboard1　Filip Visnjic　美国MIT Media lab（2017）

键盘图案中的多层织物传感器是缝制而成的，每个按键的最外层由导电织物组成；在这一层之下，有一个嵌入式织物压力传感器，该配置包括导电织物网格和压阻织物；在底布下方安装织物拉伸传感器，这些传感器通过可拉伸布线形式的e-thread互连连接到电路。我们还开发了基于Fabric的功能区控制器和触控板来实现FabricKeyboard，FabricKeyboard可以连接到任何音频合成或音序器软件。由织物制成的键盘除了为音乐表演提供新的交互和触觉体验，还可以轻松折叠、携带（见图3-3-4）。

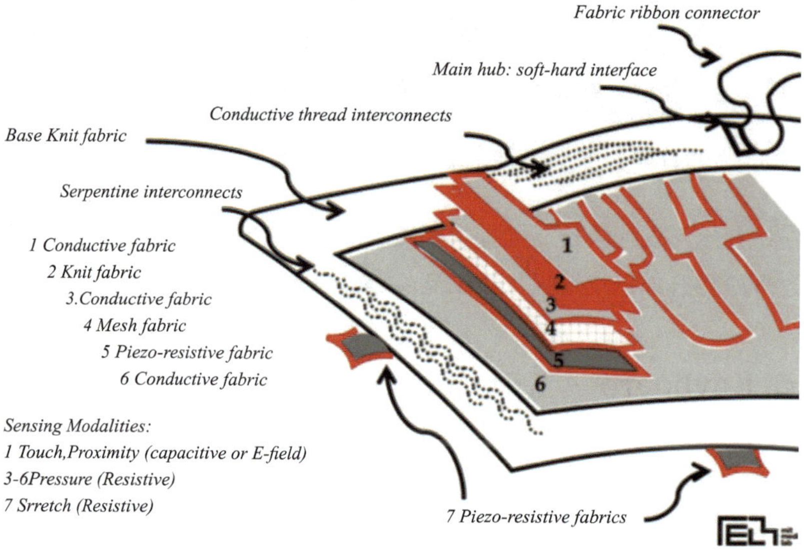

图3-3-4　FabricKeyboard2　Filip Visnjic　美国MIT Media lab（2017）

（三）织物传感器人机协作穿戴系统

智能织物传感器作为一种新兴的可穿戴技术，在操控与交互领域广泛应用。灾难场景下，救援人员需要在有限的时间内完成复杂救援活动，现有的救灾装备出现如无人机、地形车等现代人机协作技术和装备，在极端环境下面临诸多挑战，如占用双手、协作效率低下和安全风险等，有待进一步解决。该案例提出了一种适用于救灾场景的织物柔性传感器人机协作穿戴系统设计方案，系统结合了可穿戴技术和高效的人机互动机制，使救援人员可戴着手套单手操作勘探车，避免占用双手，同时通过勘探车提升救援能力（见图3-3-5）。织物传感器是结合织物材料和传感技术的一种创新产品，它利用了织物的柔软性和导电性，在各

图3-3-5　作品织物传感器人机协作穿戴系统1　何雨芮、张帆等（2024）

种领域都有巨大的应用潜力，特别是智能穿戴领域。该案例中选取的是添加了银离子的导电纤维，通过改变其材料与编织方式来制作不同的样片，并由导电织物层、绝缘层构成，形成能够感知压力的织物传感器（见图3-3-6）。

图3-3-6　作品织物传感器人机协作穿戴系统2　何雨芮、张帆等（2024）

二、智能配饰

（一）Behnaz Farahi的智能配饰

Behnaz Farahi（译：贝赫娜兹·法拉希）是一位跨学科的设计师和建筑师，致力于探索设计、时尚与技术的交叉融合。她的工作主要关注智能服饰和穿戴设备，尤其是如何利用这些技术来增强人体的感知和互动能力。Farahi 在她的设计中经常使用运动传感技术、机械工程以及数字化工艺技术，以此探讨人与环境之间的动态交互。Behnaz Farahi的作品在技术、艺术和设计的交叉领域中具有创新性和实验性，她的设计不仅仅是功能性的，更是一种对于个人与社会空间关系的探讨和批评。她的智能服饰项目通过结合时尚与高科技，重新定义了人类与周围环境互动的方式，同时提出了对于个人隐私和社会互动的深刻反思。“彩虹光”（Iridescence）是一件情感项圈（见图3-3-7），采用3D打印技术制作，专门为芝加哥科学与工业博物馆的“Wired to Wear”（译：连线穿戴）展览而设计。这个项目展示了如何将高科技元素融入穿戴设备中，探索科技与时尚的跨界融合。

Farahi的一个著名项目是“Caress of the Gaze”（译：凝视的抚摸），这是一件能够感应观察者目光并做出反应的智能服饰（见图3-3-8、图3-3-9）。该作品配备了眼球追踪设备，能够根据观察者的视线方向调整其表面结构，使表面材料实时变形以响应外部视线，从而改变其外观。这种设计不仅展示了技术的创新，还对穿戴者与观察者之间的社会互动提出了质疑。

图3-3-7　作品Iridescence　Behnaz Farahi　美国（2020）

图3-3-8　作品Caress of the Gaze 1　Behnaz Farahi　美国（2015）

图3-3-9　作品Caress of the Gaze 2　Behnaz Farahi　美国（2015）

（二）智能鞋垫Lechal

Lechal是一种智能鞋和鞋垫，由印度的公司 Ducere Technologies 开发。Lechal 产品的特点是它们通过震动反馈与用户的智能手机相连，为用户提供导航指示和健康追踪功能。用户可以通过特定的应用程序设置目的地，并通过鞋子或鞋垫中的振动提示来转向方向，这使得Lechal产品尤其适合视觉障碍人士（见图3-3-10、图3-3-11）。

除导航功能外，Lechal 还具备步数统计、卡路里计算、行走距离记录等健康管理功能。这些特性使得Lechal不仅是一种便利的旅行辅助工具，还是一个有用的健康管理设备。用户可以通过手机应用查看他们的活动数据，从而更好地管理自己的身体状况。

图3-3-10　Lechal智能鞋
印度（2019）

图3-3-11　Lechal智能鞋垫　印度（2019）

三、智能穿戴装备

（一）Skinkit

SkinKit“纹身”是首个用于皮肤接口的构造工具包，它能以适用于皮肤的纤薄外形实现快速交互原型设计。SkinKit“纹身”采用纤薄、柔韧的硅基纸，一侧直接粘贴在皮肤上，另一侧粘贴在一组预编程电路模块上，这些模块均由纤薄的柔性电路板制成，由单独的导线模块连接起来。在SkinKit“纹身”结构设计中，硅胶层在皮肤和设备电路之间提供了舒适的介质，而且还起到固定复杂排列的电路板的作用，即使在用户的皮肤伸展和收缩时也能够自如变形，这些特征支撑着SkinKit的高度可定制性。硅胶层可以切割成用户需要的任何形状，甚至可以叠加成复杂的镶嵌图案，叠加的电路模块可以按用户需要的任何排列方式放置。值得一提的是，这些模块易于拆除和重新连接，这意味着它们可以根据用户的需要以不同的布置方式重新使用，使它们成为可穿戴设计原型制作的理想材料（见图3-3-12、图3-3-13）。

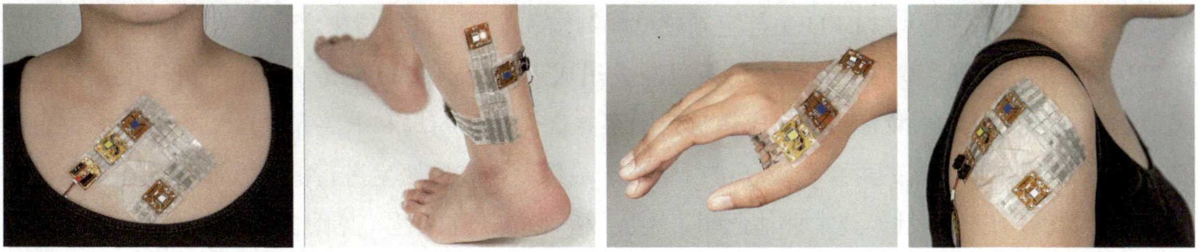

图3-3-12　作品SkinKithybridbodylab1　Corell Uiversity（2022）

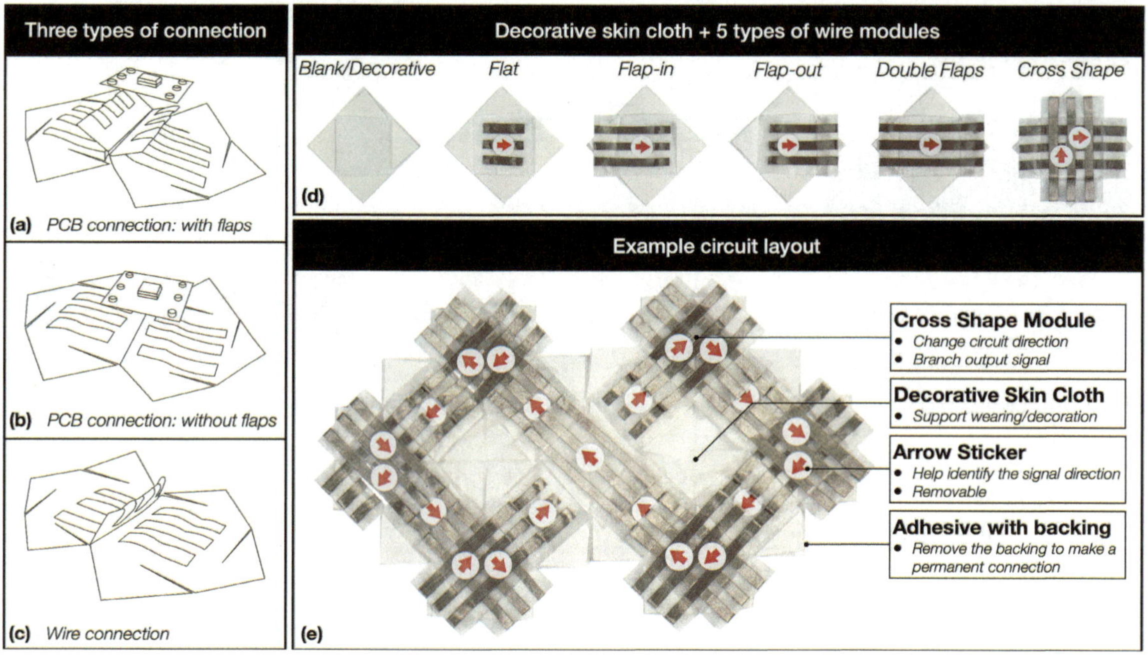

图3-3-13　作品SkinKithybridbodylab2　Corell Uiversity（2022）

（二）ThermoFit 可穿戴设备

支具是医疗康复领域用于保护、支撑或矫正躯体的常用产品，带有传感功能的智能支具可以实时采集医疗数据，监测病情发展，提升康复训练效果。但智能支具的形态定制颇具挑战性，难以适应患者的身形变化和病情变化。如何快速让智能支具的电路和结构适应身体？浙大设计团队给出了一个新方案ThermoFit：在热塑性材料上集成电路，通过加热软化，在身体上快速塑形成贴合人体形态的智能支具（见图3-3-14）。该方法支持多种传感器集成，为智慧医疗、精准医疗、个性化定制可穿戴产品的研发提供新思路。ThermoFit是一种遵循临床可接受程序的热成型智能矫形器的端到端设计和制造流程。ThermoFit 使智能矫形器的形状和电子位置能够贴合身体，并通过将低成本低温热塑性塑料（LTTP）与定制超材料结构和电子元件集成来实现快速迭代。具体来说，LTTP中使用了三种类型的超材料结构，以减少热成形过程引起的皱纹，并允许组件位置调整和关节运动。设计工具原型有助于生成超材料图案并优化组件布局和电路布线。三个应用方式表明ThermoFit可以根据不同的可穿戴设备进行塑形。最后，与临床医生进行的实践研究验证了热成型智能矫形器的用户友好性，技术评估证明了制造效率和电子连续性（见图3-3-15）。

（三）柔性结构康复助力外骨骼设计

当前，我国是全球中风发病风险最高的国家，且发病人群有年轻化趋势，中风后的大部分患

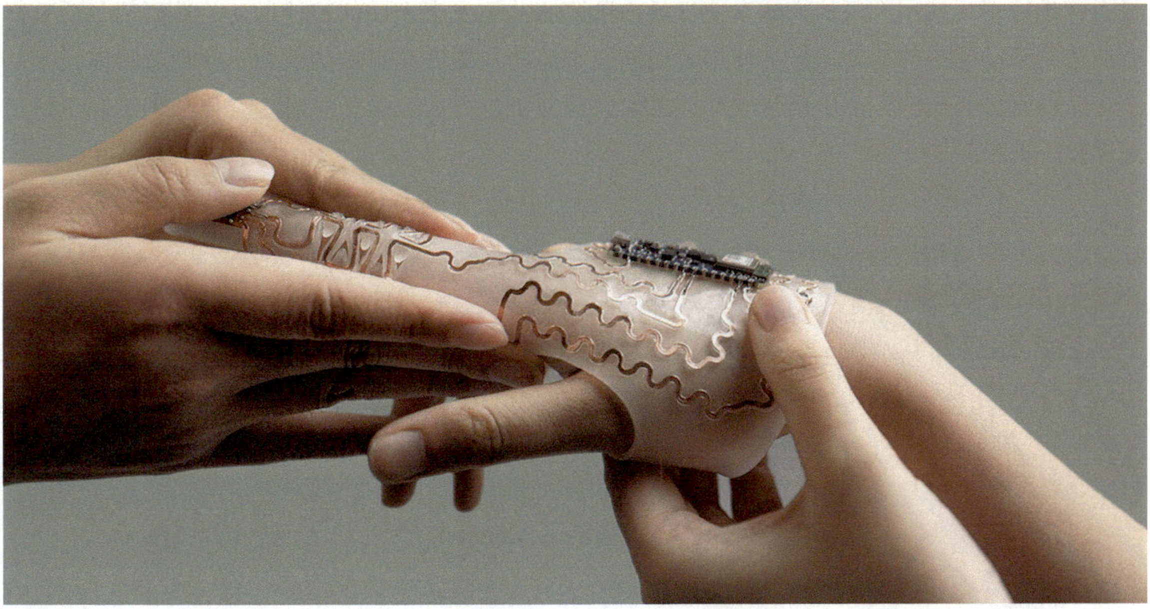

图3-3-14　作品ThermoFit 1　王冠云、阳月等（2023）

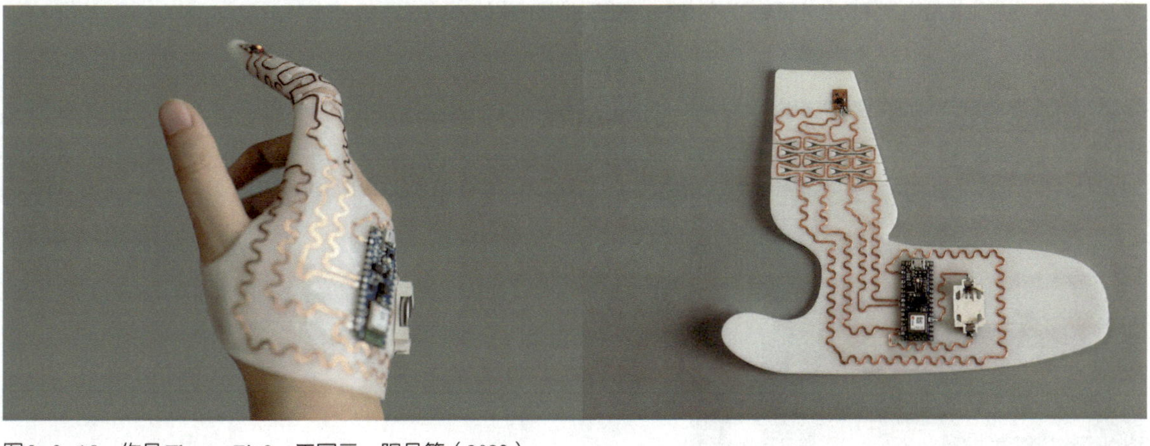

图3-3-15　作品ThermoFit 2　王冠云、阳月等（2023）

者存在不同程度的手部活动障碍，而可穿戴外骨骼产品能够为这类患者提供防护并辅助康复。传统外骨骼基本以电动机作为动力来源，应用刚性连杆结构带动关节活动，因此具有穿戴不适且笨重的缺陷。柔性结构能够通过形变致动提高外骨骼的舒适性及灵活性，改善患者康复的体验，弥补现有产品的缺点。

该设计是一款适用于中风患者的康复助力产品，旨在帮助患者从手部活动障碍后遗症尽快康复（见图3-3-16）。北京服装学院的这个项目进行大量气动柔性结构实验，手部外骨骼利用硅胶材料弹性特点，使用充气的方式来使气囊内部膨胀并引发上表面的拉伸形变，从而使气囊整体弯曲进行牵动手指的活动，能为使用者的康复训练提供更安全可靠的助力，并通过智能技术的结合来探索更有效的卒后手部活动障碍患者的康复训练方法，给予患者更方便地训练和更舒适地体验（见图3-3-17）。

图3-3-16　作品柔性结构康复助力外骨骼1　徐佳轶、张帆、杨九瑞（2020）

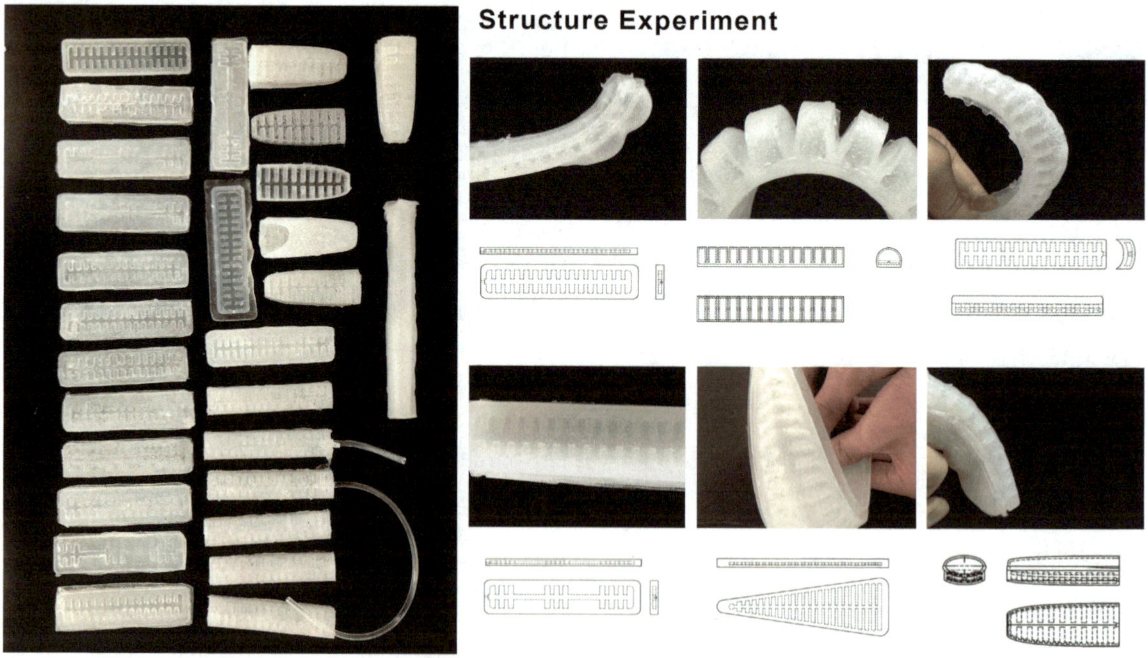

图3-3-17　作品柔性结构康复助力外骨骼2　徐佳轶、张帆、杨九瑞（2020）

思考题

1.分析智能可穿戴技术如何推动传统服饰设计的创新，并讨论在实际应用中可能遇到的技术、设计、市场以及社会接受度等方面的挑战。

2.智能可穿戴设备不仅仅是技术的产物，它们还深刻地影响着社会和文化的发展。以本课程中的案例为基础，探讨智能可穿戴设备如何改变人们的生活方式、社交互动模式以及对美的认知。

相关学习资源平台

（一）相关设计机构和博物馆平台

1.北京服装学院民族服饰博物馆

北京服装学院民族服饰博物馆（BIFT Museum of Ethnic Costumes）是中国首个专注于民族服饰文化研究与展示的高校博物馆，也是中国最权威和资料最全的民族特色服饰博物馆，网站有大量民族材料服饰材料、纹样素材，专注于中国各民族传统服饰与工艺的收藏研究，涵盖刺绣、织锦及配饰等实物与文献，提供线下展览与数字化档案，推动传统纹样在现代设计中的转化。

2.中国国家博物馆数字展厅

利用3D建模和VR技术虚拟还原青铜器、书画、陶瓷等文物，支持多角度交互浏览与学术资源下载，促进文化遗产的全球化传播与教育。

3.数字敦煌

敦煌研究院打造的线上平台，提供莫高窟壁画与雕塑的高清影像及全景漫游，整合学术研究与保护技术，支持洞窟虚拟参观与壁画细节深度探索。

4.故宫博物院数字文物库

故宫博物院数字文物库收录18万件故宫文物高清图像与三维模型，涵盖瓷器、钟表、书画等类别，支持分类检索与背景解读，为学术研究和公众教育提供丰富资源。

5.中国工艺美术馆

中国工艺美术馆专注于传统工艺与现代设计的结合，提供丰富的数字化档案与展览资源。其收藏的工艺作品为传统服饰的参数化设计提供了灵感与技术支持，推动传统工艺在现代设计中的创新应用。

6.维多利亚与艾尔伯特博物馆

维多利亚与艾尔伯特博物馆是全球领先的艺术与设计博物馆，收藏了大量历史与现代设计作品。其数字化资源与展览为传统服饰的参数化设计提供了丰富的视觉灵感与技术参考，特别适合探索传统与现代设计的融合。

7.扎哈·哈迪德设计机构

扎哈·哈迪德（Zaha Hadid）1950年出生于伊拉克首都巴格达一个富裕家庭，她被称为建筑界的女魔头，2004年成为获得普利兹克建筑奖的第一位女性建筑师，2015年获得英国建筑界最高奖项——皇家金奖。她的作品大胆运用空间和几何结构，以流动的线条、超现实主义著称，并尝试运用参数化技术，很早就被称作建筑界“解构主义大师”，打破工业时代那种刻板、方正的积木式建筑模式。代表作品包括北京大兴国际机场、SOHO中国项目、广州大剧院等知名地标。此外，扎哈·哈迪德的室内和家具设计、首饰及鞋履设计也颇具风格。扎哈·哈迪德建筑事务所由扎哈·哈迪德于1979年成立，其每件作品都融汇了建筑所在环境、当地文化，以及创新设计工程，使得建筑、城市和景观设计达到了完美结合（见图3-4-1）。

图3-4-1　扎哈·哈迪德（Zaha Hadid）（2015）

8.MIT Media Lab

MIT Media Lab是麻省理工学院的跨学科研究机构，专注于探索技术与设计的未来可能性。该实验室在可穿戴技术、生成式设计与参数化算法领域具有前沿研究，其项目为传统服饰的数字化改造与参数化设计提供了技术创新支持。MIT Media Lab 的研究推动了参数化设计在时尚领域的实验性应用。

（二）相关设计设计师及案例

1.The Interline X SwatchOn

The Interline X SwatchOn是一个旨在推动数字时尚创新与高品质面料供应相融合的合作项目。The Interline 作为专注于时尚科技研究与行业洞察的平台，与韩国领先的面料供应商SwatchOn 深度合作，为设计师构建从数字设计工具到实体纺织材料的无缝衔接。该合作不仅提升了数字时尚设计的可操作性，还促进了可持续与创新面料在设计实践中的广泛应用，从而提高时尚产业的效率与可及性。本教材中关于数字面料部分的案例介绍，即截取自该合作内容，以展示数字化面料应用在设计流程中的实践与价值。

2.艾莉莎·帕洛米诺

艾莉莎·帕洛米诺（Elisa Palomino）教授长期致力于传统工艺与数字技术在可持续时尚领域的融合研究，特别关注鱼皮这一历史悠久的生态材料的数字化仿真。她的研究不仅涉及大马哈鱼皮（Salmon Skin）的材质特性分析与可持续加工方式，还通过先进的数字化技术，将鱼皮纹理、光泽及柔韧性精确还原至虚拟设计平台。与此同时，她实践探索了阿伊努族传统鱼皮长袍的数字化再现，为传统工艺在当代数字时尚设计中的创新应用提供了重要案例。本教材中关于大马哈鱼皮、阿伊努长袍在数字化平台中的附图，即截取自艾莉莎·帕洛米诺教授的研究与实践，以展示传统材料在数字时尚中的再现与发展可能性。

3.Nervous工作室

Nervous是融合科学、艺术和技术的生成式设计工作室。Nervous System利用计算机图形模拟技术来实现产品的生成设计和数字制造，并从自然现象中汲取灵感，根据自然界的机理编写参数化计算程序，使用这些程序来创造独特的艺术品、首饰和家居产品。Nervous System由Jessica Rosenkrantz和Jesse Louis−Rosenberg于2007年创立（见图3−4−2），他们的工作室位于纽约，开创了生成系统、3D打印和webGL等新技术在设计中应用的先河。Nervous System发布在线设计网站及应用程序，使用户能够参与设计、创建产品，这些工具提供了丰富的设计和定制功能。

4.SCRY™ Lab实验室

SCRY™ Lab是一家专注于数字技术与时尚设计交叉领域的创新实验室。其研究方向包括可穿戴技术、动态纹理生成与参数化设计。将传统服饰元素与数字技术相结合，SCRY™ Lab探索了参数化设计在时尚设计中的新可能性，为传统纹样与形态的数字化改造提供了重要案例。

图3−4−2　Nervous System联合创始人Jessica Rosenkrantz和Jesse Louis−Rosenberg（2007）

5.Iris van Herpen

Iris van Herpen被誉为时尚界最具前瞻性的设计师之一，这位设计师接受过古典芭蕾舞的培训，在她的职业生涯中，一直对流畅性和纠缠的运动艺术着迷，身体和心灵不断融合触发Iris van Herpen的感官设计理念。她将运动视为一种变形的力量，使创造的艺术品能够从人体中延伸出来，将其形态雕刻成多维、流畅的轮廓。Iris van Herpen的愿景是以人体解剖学和身体运动方式为指导，她的超凡设计受到全球收藏家和客户的喜爱（见图3−4−3）。

图3−4−3　Iris Van Herpen作品（2024）

Iris van Herpen的作品从自然的美丽、神秘和混乱中汲取灵感，水、空气和土的元素，以及其转化为液态、气体或纹理的形式，如木纹、声波、突触、动力学等，塑造了Iris van Herpen的设计作品。通过仿生学，她将元素可视化，并用更深刻的方式延伸有机体的存在感。

（三）相关数字资源库

1.时尚趋势网站

全球权威趋势预测平台，提供色彩、面料及消费行为的前瞻报告，覆盖服装、美妆、家居领域，助力设计师捕捉市场动向与创意灵感。

2.纹藏网

中国传统纹样开源数据库，收录织锦、陶瓷、建筑等领域的经典图案，提供矢量图下载与历史解析，推动纹样在现代设计中的创新应用。

（四）相关工具平台

1.堆友官方网站

堆友是阿里巴巴旗下的设计服务平台，提供AI绘画、3D素材与设计工具。其功能包括AI生成设计、纹样提取与参数化调整，为传统服饰的数字化再现与创新设计提供了智能化支持。堆友平台通过高效工具推动参数化设计在时尚领域的实践（见图3-4-4）。

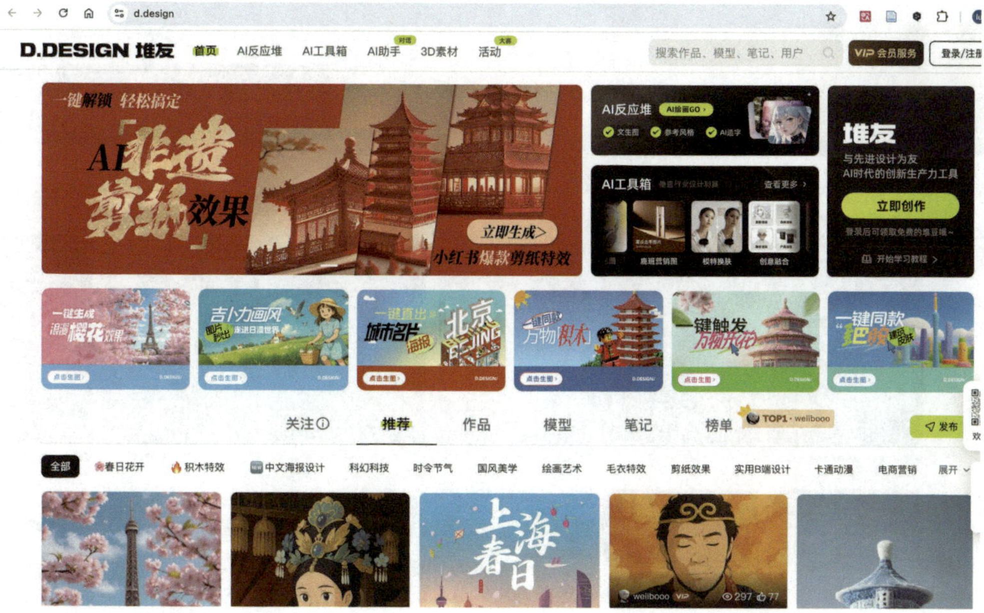

图3-4-4　堆友官方网站截屏（2024）

2. LiblibAI· 哩布哩布网站

LiblibAI是一个专注于AI图像生成的平台，2023年5月创立。基于Stable Diffusion技术，提供文生图、图生图和图像后期处理等核心功能。平台操作简便，打开网页端即可使用云端SD WebUI，无须部署和下载模型，且主流插件内嵌其中。LiblibAI平台拥有10万+模型，用户可训练专属的LoRA模型，社区的原创模型数超过50万，满足个性化创作需求（见图3-4-5）。

3.Midjourney网站

Midjourney 是一款生成式AI工具，通过输入文本生成高质量的视觉设计。其在参数化设计中的应用包括快速生成设计草图、探索传统纹样与现代风格的融合，为设计师提供创意灵感与技术支撑。

4. 通义千问网站

通义千问是阿里巴巴推出的AI助手平台，支持文本生成、语音转文字与智能PPT创作。在参数化设计中，通义千问通过优化设计参数与生成创意概念，帮助设计师提升工作效率与创新能力。

5. 通义万相网站

通义万相是阿里云通义大模型旗下的AI绘画创作模型，基于阿里研发的组合式生成模型Composer，提供文字作画、线稿作画、AI生视频等功能，具有操作相对简单、界面更友好等特点（见图3-4-6）。

6. 文心一格网站

文心一格是百度推出的AI创作平台，支持图像生成与设计优化。其功能为传统服饰的参数化设计提供了智能化工具，帮助设计师快速实现传统元素的数字化再现与创新应用（见图3-4-7）。

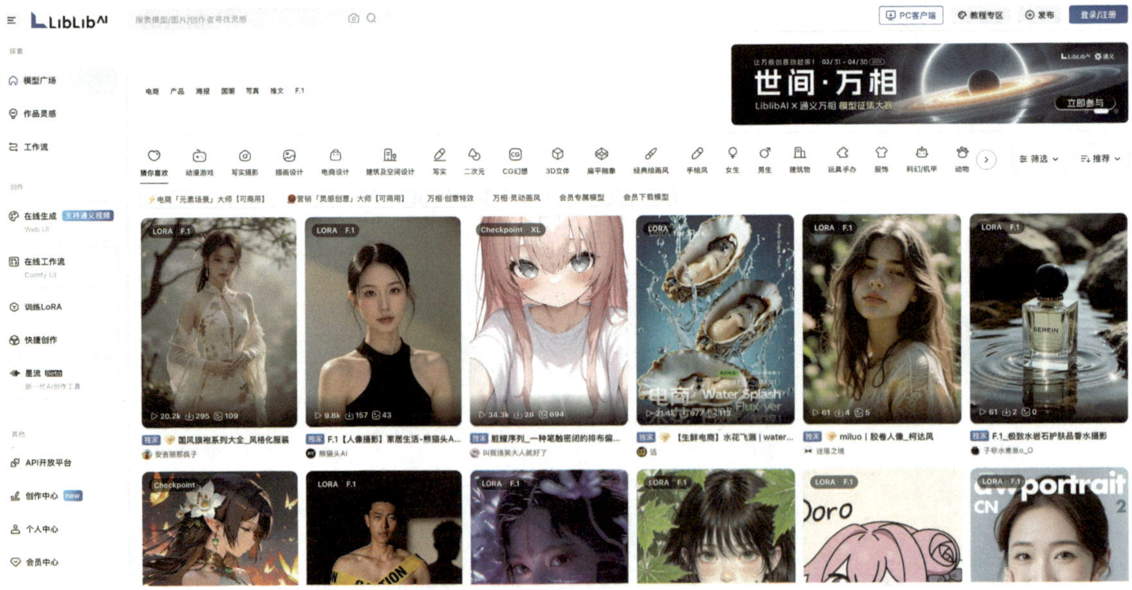

图3-4-5　LiblibAI网站截屏（2024）

图3-4-6　通义万相网站截屏（2024）

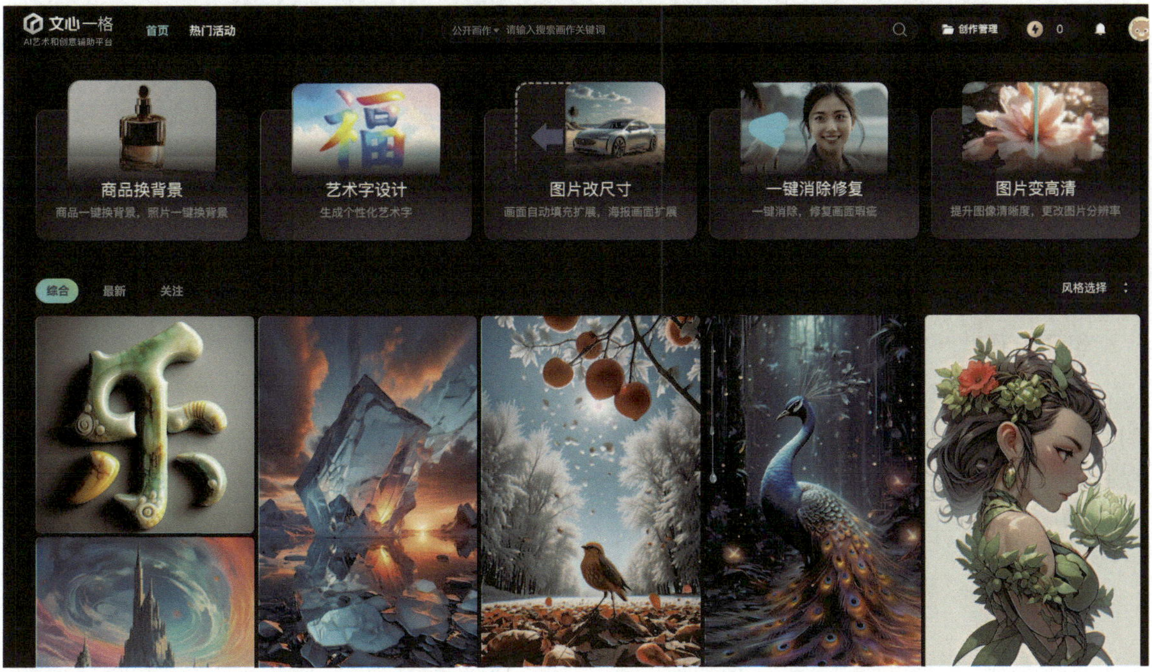

图3-4-7　文心一格网站截屏（2024）

7.PAI-ArtLab网站

PAI-ArtLab是阿里云人工智能平台PAI为设计专业人士打造的AIGC智能设计工具。是面向设计场景的一站式AIGC设计平台，打通了数据集管理与模型训练、AI绘图的全场景链路，帮助用户在设计、艺术、创意行业快速应用AIGC能力。支持主流开源模型开箱即用，可一键拉起Stable Diffusion和Kohya等WebUI服务。用户不仅可以在云端进行文生图、图生图等操作，还能通过安装各类插件以及训练自己的模型等方式，满足更高程度的定制化绘图需求。同时，具有数据集管理、模型广场、工作流广场等功能（见图3-4-8）。

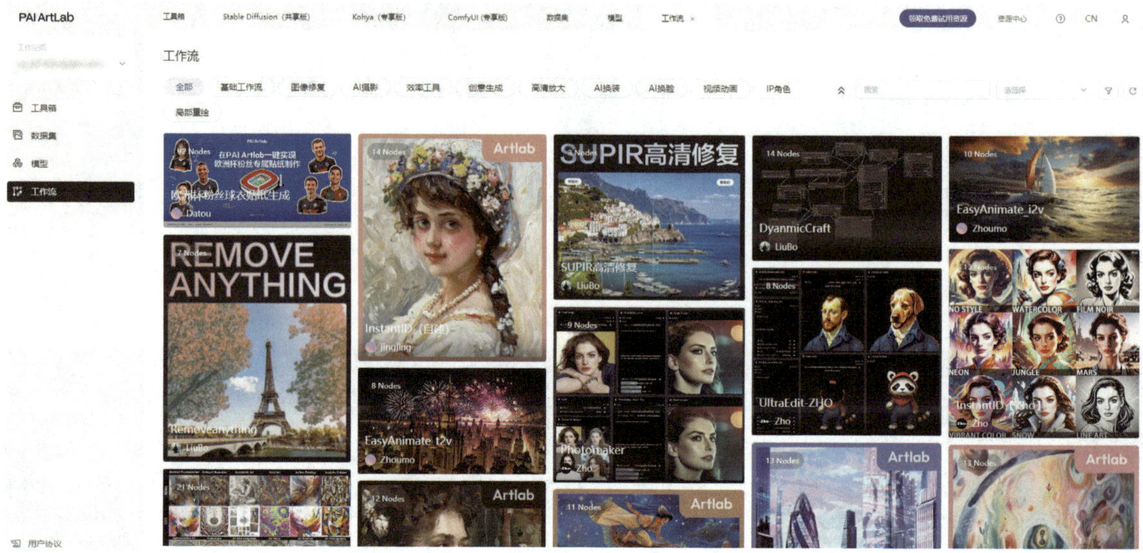

图3-4-8　PAI-ArtLab网站截屏（2024）

8.犀牛软件网站

Rhino Grasshopper 是一款集成了参数化设计插件的3D建模软件，广泛应用于建筑、工业与时尚设计领域。其强大的参数化功能支持复杂形态的生成与优化，为传统服饰的参数化改造提供了技术支撑。通过Grasshopper，设计师可以实现从纹样提取到形态重构的全流程设计，推动传统服饰在现代设计中的创新应用。

参考资料

［1］崔强．参数化设计在工业产品设计中的应用研究［D］．北京：北京工业大学，2018.

［2］丁松菀．人工智能开启“智造”新时代［N］．政府采购信息报，2021-03-08（013）．

［3］李知娇．展会科技知多少？——谈珠宝虚拟试戴技术在展会上的应用［J］．中国会展，2018（1）．

［4］刘璇．人工智能（AI）技术下中国传统服饰的传承与发展研究［J］．西部皮革，2024（9）．

［5］王永东，杨先艺．人工智能时代的艺术设计审美研究［J］．创意与设计，2022（4）．

［6］王涛，张帆．脱离“真实”的视觉触碰——数字虚拟空间中探索艺术首饰创作的新模式［J］．设计，2020（17）．

［7］熊媛园，侯金玥．AI 设计带给现代服装设计行业的挑战与机遇［J］．纺织报告，2023（9）．

［8］许方雷．SCRAT3D ｜全球六款典型参数化设计软件分析对比［EB/OL］（2022-02-14）[2024-09-11]，https：//zhuanlan.zhihu.com/p/467396870.

［9］许通．基于参数化设计的竹编工艺产品数字化保护研究［J］．设计，2024（8）．

［10］杨明．参数化建模技术在机械设计中的应用［J］．机械设计与制造，2016（1）．

［11］银宇堃，陈洪，赵海英．人工智能在艺术设计中的应用［J］．包装工程，2020（3）．

［12］张睿琳．人工智能技术在艺术创作上的应用［J］．技术与市场，2019（5）．

［13］张熙，杨小汕，徐常胜．ChatGPT 及生成式人工智能现状及未来发展方向［J］．中国科学基金，2023（5）．

［14］赵迪．人工智能对设计未来的影响［J］．现代交际，2019（7）．

后记

这本教材的编写是一段既充实又富有挑战的旅程。从选题的确立、团队的组建、教学成果的梳理、收集资料补充到撰写和整理，每一步都充满了对中国传统服饰文化的敬畏与热爱。能够完成这本书，并将其呈现给读者，我们深感荣幸。

在撰写本书的过程中，我们深刻体会到了一个道理：传承与创新并非相互矛盾，而是相互促进的力量。只有在深入理解并尊重传统的基础上，创新设计才能真正展现其意义和价值。现代技术，特别是人工智能生成内容，不仅为设计创新注入活力，还为产业发展提供新的可能。我们深信，通过掌握和运用这些新技术，我们能够极大提升设计效率，推动设计创新向更高层次发展。

本书的完成离不开许多人的支持和帮助。首先，我们要感谢所有参与本书写作与编辑工作的同仁，是你们的努力和智慧让这本书得以顺利完成。特别感谢丛书主编林家阳教授及其助手张美兰副教授的指导和建议，两位的专业意见使本书更加完善和严谨。

在撰写教材的过去半年里，AIGC技术日新月异，我们期望本书能早日面世，跟上科技变革的步伐，呈现设计方法和产出的时代性和前沿性，在此抛砖引玉，期待同行师友交流指正。

彭璐

2024年7月